HYDROLOGICAL EFFECTS OF SOIL AND WATER CONSERVATION MEASURES

水土保持措施的水文水资源效应

李子君◎著

图书在版编目(CIP)数据

水土保持措施的水文水资源效应/李子君著. —北京:北京大学出版社,2013.1

ISBN 978-7-301-21709-2

Ⅰ. ①水… Ⅱ. ①李… Ⅲ. ①水土保持-水文学-研究-华北地区 ②水土保持-水资源管理-研究-华北地区 Ⅳ. ①S157 ②P33 ③TV213.4

中国版本图书馆 CIP 数据核字(2012)第 294900 号

书　　　名:水土保持措施的水文水资源效应

著作责任者:李子君　著

责 任 编 辑:王树通

标 准 书 号:ISBN 978-7-301-21709-2/X・0057

出 版 发 行:北京大学出版社

地　　　址:北京市海淀区成府路 205 号　100871

网　　　址:http://www.pup.cn

新 浪 微 博:@北京大学出版社

电 子 信 箱:zpup@pup.cn

电　　　话:邮购部 62752015　发行部 62750672　编辑部 62765014

出版部 62754962

印　刷　者:三河市北燕印装有限公司

经　销　者:新华书店

965 毫米×1300 毫米　16 开本　12 印张　200 千字　插页 2

2013 年 1 月第 1 版　2013 年 1 月第 1 次印刷

定　　　价:28.00 元

序

北方土石山区是我国主要水土流失类型区之一。海河流域由于下游京津冀经济区的快速发展，区域水资源严重短缺，流域水资源人均占有量不足全国平均水平的1/7。治理水土流失，保障区域生态安全有重要的意义，但是各种水土保持措施对流域径流量的变化会有很大影响，如果处理不好势必使水资源短缺的矛盾更加加剧。近些年来，这已经成为各级政府以及学术界十分关注的热点问题和难点问题。

本书以华北土石山区的典型区域和密云水库的重要水源地——潮河流域为研究案例，探索了流域尺度上降水—产流、人类活动—产流之间的关系；建立了降水—径流经验统计模型来定量评估水利水土保持措施对流域年径流量的影响；预测评估不同水土保持措施配置方案在不同降水条件下对流域年径流量的可能影响，为回答上述问题做出了很好的科学尝试，迈出了可喜的一步，提供了较为坚实的科学依据，这对于严重缺水的我国北方地区的水土保持综合治理将具有重要意义，也标志着在这方面的研究已经取得了关键性的进展。目前国内还很少有人对此进行系统的研究，因此李子君博士的执著探索、努力奋进的精神值得赞赏。

我与李子君博士是在2005年参加由水利部、中国科学院、中国工程院组织的"中国水土流失与生态安全综合考察"时认识的，在2005年8月至9月，一个多月时间里，我们北方土石山区综合考察队行程近1万公里，先后考察了海河流域和淮河流域21个县的72条小流域。在此期间，李子君博士野外考察时不畏旅途辛苦，勤学好问，认真钻研相关科学问题；为了更多地了解当地情况，收集更多的相关资料，经常工作到很晚；由于她还参加了我们考察队的一些管理工作，是我们考察队中最辛苦的人之一，当时就给我们留下了非常深刻的印象。考察结束后，李子君博士会经常提出一些科学问题进行探索和讨论，这也更好地增加了我们之间的了解，也为她的勤奋好学，锲而不舍的刻苦钻研精神所感动。

为了在科学研究中取得一点有新意的进展往往需要付出十分艰辛的努力，李子君博士8年以来一直致力于这方面的研究和探索，8年的时间在科学研究的长河中虽然不算长，但是对于一位年轻的博士，在成长的过程中，8年的时间还是很宝贵的。但是，经过8年多时间的坚持不懈努力，李子君博士已经取得了一些可喜的研究成果。完成了"水土保持措施的水文水资源效应"专著，这是值得祝贺的事情。

有幸能提前阅读本书的书稿，是很愉快的事情，也是一次很好的学习机会。书中的每一次分析都凝聚了李子君博士的辛勤劳动，每一个研究结果都是探索汗水的结晶。本书的正式出版，能很好地展示李子君博士所取得的研究成果，是很欣慰的事。当然，书中的不足之处还有待在今后的研究与实践中不断改进与提高，也盼望李子君博士能精益求精，在相关研究过程中能取得更大成就。

希望本书的出版能引起相关的学者、实际工作者以及广大读者的关注，相信会有利于推进相关研究的深入探讨，并使之向前发展。

中国科学院地理科学与资源研究所
蔡强国
2012年12月3日

前　言

随着人类对与土地有关的自然资源利用活动的不断加剧，作为陆地生命支撑系统主要组成部分的土地覆被在从区域到全球的多种尺度上都发生了显著变化，并不断改变着地球表面的生物、能量和水分等多种过程，进而影响到区域资源、环境、经济和社会的可持续发展。全球范围内的两大国际研究计划——“国际地圈生物圈计划”(IGBP)和“国际全球环境变化人文因素计划”(IHDP)，其核心项目——“土地利用/覆被变化科学研究计划”的推行，使得土地利用/覆被变化(land use and land cover change，LUCC)在区域尺度上的环境效应越来越受到学术界的关注。水文水资源效应是 LUCC 的重要环境效应之一，流域尺度上 LUCC 水文水资源效应的研究是目前乃至未来几十年 LUCC 研究的热点和前沿问题。

20 世纪 80 年代以来，我国北方地区许多河流下游径流量快速减少，严重影响到地区水资源安全和经济社会的可持续发展。有关河川径流量变化及其影响因素的研究表明，河川径流量的变化除与气候变化有关外，还受土地利用/覆被变化(主要是流域上游生态建设，往往通过改变土地覆被方式来实现)和山区蓄水工程(水库、塘坝等)修建、流域水资源开发利用等人类活动的影响。水土保持作为一种重要的土地利用活动方式，是我国生态建设的主体工程，是可持续发展战略的重要组成部分，在减轻区域土壤侵蚀、改善农业生产条件、减轻下游水沙灾害等方面发挥了显著的生态、经济及社会效益。然而，水土保持生态建设对流域年径流量的变化有着直接或间接的影响。目前，我国政府在大力推行以改善流域生态为目的的上游/上风地区退耕还林还草、荒山造林、坡改梯等水土保持措施。这些措施对流域径流量变化的影响程度如何，是值得探讨的问题。随着流域水资源供需矛盾的日渐加剧，水土保持措施对地表径流的影响与水资源短缺之间的博弈已成为人们关注的焦点之一，对于该问题的回答关系到流域管理的正确决策。

本书以华北土石山区的典型区域和密云水库的重要水源地——潮河流域为研究案例区，基于土地利用/覆被变化理论和水土保持措施的径流调控理论，以流域三期土地覆被数据为基础，借助 GIS 工具，对流域土地利用/覆被变化进行分析，探讨土地利用/覆被变化的驱动力机制；利用时间序列对比法对流域 1961—2005 年的水文特征及变化趋势进行初步研究，系统地分析引起流域径流变化的主要气候变化因素（降水、气温）和人类活动因素（水利化程度、用水量状况、水土保持措施的变化），探索流域尺度上降水-产流、人类活动-产流之间的关系；建立降水-径流经验统计模型来定量评估水利水土保持措施对流域年径流量的影响；利用坡面径流小区观测资料，进一步评估各项水土保持措施在不同降水条件下对流域年径流量的影响程度；预测评估不同水土保持措施配置方案在不同降水条件下对流域年径流量的可能影响，拟为流域水源地生态建设策略的调整提供科学依据。这对于严重缺水的我国华北地区而言，具有重要意义。

流域水土保持措施对河川径流量影响的研究是水土保持效益分析、LUCC 的水文水资源效应等研究的重要内容，是关乎生态建设重点区域水资源合理配置、生态改善、粮食安全等方面的重大学术问题，也是当前解决流域下游水资源供给与流域生态建设矛盾的重点和难点问题，是水土保持规划和有关部门决策的依据。近年来，在有关流域 LUCC 水文水资源效应方面的大量研究结果，反映出土地覆被变化对流域水文过程的影响在不同地带由于其不同的地域特性而不同，需要开展大量的典型区域的案例研究，不断深入总结经验和进行理论探索，寻找和建立 LUCC 对流域水文过程影响的一般性理论体系。

本书通过对我国北方暖温带半干旱半湿润地区中尺度流域典型案例的研究，模拟评估流域水土保持措施对年径流量的影响程度，进一步丰富了土地利用/覆被变化对流域水文过程影响的研究理论体系和研究内容。研究结果对流域综合治理具有一定的指导意义。

全书共分7章，包括绪论、研究流域概况、流域土地利用/覆被动态变化及其驱动力分析、流域水文特征变化及影响因子分析、水利水保措施对流域年径流量的影响——基于经验统计分析法的评估、水土保持措施对流域年径流量的影响——基于水土保持措施面积的评估、不同水土保持措施配置方案对流域年径流量的影响等内容；建立了适用于该流域的降水-径流经验统计模型，定量评估了水利水土保持措施对流域年径流量的影响程度，并对流域未来不同水土保持措施配置方案情景进行了模拟分析，对于合理评价水土保持措施作用、优化水土保持措施布局以及科学开展流域水土保持生态建设具有参考价值。

本书的出版首先要感谢“十一五”国家科技支撑计划项目(2006BAD03A02)、国家自然科学基金项目(41101079)和山东省优秀中青年科学家科研奖励基金项目(BS2011HZ014)等课题的全面系列支持。衷心感谢中国科学院地理科学与资源研究所的李秀彬研究员、景可研究员、许炯心研究员、蔡强国研究员、杨勤业研究员和朱会义副研究员在本书写作中给予的悉心指导，诚挚感谢水利部海河水利委员会水土保持处的马志尊教授级高工和凌峰工程师在研究资料的收集和野外调查中给予的热情帮助和大力支持。特别感谢蔡强国研究员在百忙之中拨冗作序。

由于作者知识水平、能力有限，书中难免有不妥之处，恳请各位专家、学者和读者指正与赐教！

李子君

2012年8月于济南

目　　录

第1章 绪　论

1.1 研究背景

1.1.1 研究的学术背景

水土资源是人类赖以生存和发展的物质基础。由于人类对自然资源的过度利用，水土流失已成为世界性的环境问题（Greenland *et al.*，1977）。我国是世界上水土流失最严重的国家之一，水土流失面积占国土总面积的37%（王礼先等，2004）。严重的水土流失导致耕地面积减少、土地沙化退化；泥沙淤积江河湖库，加剧洪涝灾害；影响水资源的综合开发利用，加剧水资源的供需矛盾；恶化了生态环境，加剧了贫困；危及了生态安全；最终制约了经济、社会的可持续发展。水土保持是防治水土流失，保护、改良与合理利用水土资源的有效手段和途径。1980年水利部提出以小流域为单元统一规划，综合治理水土流失。截至2000年底，全国累计治理水土流失面积86×10^4 km^2，水土保持发挥了显著的生态、经济、社会效益（刘震，2003）。开展水土保持，其初衷是保持农耕地的土地资源、提高土地的生产力（Greenland *et al.*，1977；Troeh *et al.*，1980）；随着社会经济的发展，才逐渐扩展到水土资源的保护。在很长一段时期内，水土保持的效益更多的是考虑保护土地资源，对水资源的影响往往是被忽视的。如黄河中游水土保持，其根本目的是保土，减少入黄泥沙，没有考虑“黄河下游的径流量发生什么变化”这个问题。20世纪80年代以前只考虑到水土保持有利于雨水资源的充分利用，而很少考虑水土保持措施对径流量的影响。

河川径流资源是保障区域经济社会可持续发展的重要物质基础。20世纪80年代以后，在气候变化和人类活动日益增强的影响下，我国北方地区许多河流下游径流量快速减少。如黄河下游多次发生断流，海河主要支流下游河床萎缩或干涸，严重影响到地区水资源安全和经济社会的可持续发展(夏军等，2004)。河川径流量变化的主要原因究竟是气候变化还是人类活动？与流域的水土保持有无关系？实施大规模水土保持措施后，究竟在流域产流方面能够带来多少量的变化？是否会加剧流域下游的水资源供需矛盾？这些问题引起了众多科技工作者和相关政府部门对当前推行的水土保持生态建设与水资源短缺之间关系的关注，学术界围绕着这些问题也展开了长期的争论。

黄土高原是我国生态建设的重点区域，20世纪90年代以后围绕着“黄土高原的水土保持与黄河断流之间的关系”问题，学术界展开了一场大讨论。有研究(李玉山，1997；李文学，1998；康绍忠等，1999；吴家兵等，2002)认为，黄土高原的水土保持综合治理开发目标在于减水减沙、提高本区降水利用率，而作物产量提高和人工林草植被的增加使得蒸发蒸腾增强从而造成耗水量增加，这些都会造成黄河中游河段进入下游的径流量减少。黄土高原水土保持治理后，产流量可减少50%左右，而黄河中游黄土高原来水量占黄河总来水量的43%(其中严重水土流失区占33%)，因此，其减流量对黄河下游断流的影响不可忽视。还有研究(贾绍凤，1994；刘万铨，1999；陈霁巍等，2000；梁小卫等，2003)认为，黄土高原水土保持的根本目的是蓄水拦沙，从而有减小地表径流量的趋势，但减水作用远小于其减沙作用。从长远看，水土保持的减沙作用有利于节省黄河下游的冲沙水量，为水资源的开发利用开辟新的途径，因此，黄土高原水土保持对黄河下游水资源利用非但没有不利影响，而且还具有“开源节流”的作用。山仑(1999)认为，黄土高原的水土保持综合治理与开发虽可减少一部分河川径流量(约占黄河年径流总量的4.8%)，但不会对黄河下游水资源状况造成显著影响，当然也不会直接起到减缓断流的作用。景可等(2005)认为，大规模水土保持措施(林草地、梯田、淤地坝等)可有效拦截降水，减少地表径流，预测到2050年黄土高原完成了各项水土保持治理任务后，每年减少入黄径流量60×10^{8} m^3以上。上述观点都承认黄土高原水土保持措施可减少黄河流域径流量，但争论的焦点在于减少的程度如何以及是否对黄河下游断流有影响。

水土保持作为一种重要的土地利用活动方式，是我国生态建设的主体工程，是可持续发展战略的重要组成部分，在减轻区域土壤侵蚀、改善农业生产条件、减轻下游水沙灾害等方面发挥了显著的生态、经济及社会效益。然而，水土保持生态建设对流域年径流量的变化有着直接或间接的影响。目前，我国政府大力推行以改善流域生态为目的的上游/上风地区退耕还林还草、荒山造林、坡改梯等水土保持措施，对流域径流量变化、调节洪峰和枯水径流的作用如何，是值得探讨的问题。

流域水土保持综合治理对下游水资源产生怎样的影响，至今学术界仍是各抒己见，还没有达成共识，但这又是当前解决流域水资源供需矛盾问题中一个亟待继续研究和迫切需要解决的科学问题。对该问题的深入认识有助于为建立流域综合治理与水资源变化相协调的机制、流域水资源高效利用与科学分配的理论与方法提供重要参考依据。水土保持措施对河川径流量影响的研究也是水土保持效益分析、土地利用/覆被变化和有序人类活动的环境效应等研究的重要内容，是水土保持规划和有关部门决策的理论依据，对流域综合治理具有指导意义。

1.1.2 研究的现实意义

北京是世界上严重缺水的大城市之一。近年来，北京市经济增长速度持续保持在9%以上，人口不断增加，人均水资源量不足300 m^3，相当于世界人均水资源占有量的1/30和全国人均水资源占有量的1/8，远远低于国际公认的人均1000 m^3的缺水下限①，缺水状况相当严重，水资源供需矛盾日益突出。特别是1999年以来，北京遭受连续7年(1999—

① 北京已连续8年干旱 4600万立方米晋冀水援京城. http://city.sina.net/city/2006-10-13/75053.html

2005年)干旱,年均降水量400 mm左右;北京市市区主要供水水源——密云水库的入库径流量急剧减少,年均入库水量仅为2.51×10^8 m^3,供水形势非常严峻(见表1-1)。

表1-1 密云水库年均入库径流量

时 段	面平均降水量/mm	年均入库径流量/(10^8 m^3)	时 段	面平均降水量/mm	年均入库径流量/(10^8 m^3)
1950—1959年	614	21.06	1980—1989年	488	6.93
1960—1969年	509	12.24	1990—1999年	503	9.27
1970—1979年	535	13.67	2000—2005年	425	2.51

数据来源:各年《海河流域水文资料》。

2004年9月底,密云水库库存约为8.3×10^8 m^3,可供水量为3.9×10^8 m^3,离蓄水历史最高量30×10^8 m^3相去甚远[①]。2005年8月22日,密云水库蓄水在3年来首次回升到10×10^8 m^3,蓄水量虽然比2004年同期的7.3×10^8 m^3多出近3×10^8 m^3,但蓄水量只占总库容的25%,仍有3/4空着[②]。截至2006年10月下旬,密云水库蓄水量约为10.6×10^8 m^3,可供水量为$6.3\times10^8 m^3$[③]。然而北京一年用水量36×10^8 m^3,密云水库的涨水只是杯水车薪,北京城市供水缺口依然存在,水资源紧缺形势依然严峻。密云水库2003年从白河堡、遥桥峪、大水峪等水库调水$1.3\times10^8 m^3$[④];2004年从白河堡水库向密云水库调水超过$1\times10^8 m^3$[⑤];2005年3月8日,白河堡水库向密云水库调水,此次调水历时22天,共4500×10^4 m^3,经白河河道入密云水库,这是自2003年以来,白河堡水库第五次

① 2004年全国主要江河9月份雨水情概况. http://www.hydroinfo.gov.cn/shuiwen/20041009/40927.asp

② 密云水库蓄水首超十亿立方米 北京缺水形势仍严峻. http://www.china.org.cn/chinese/zhuanti/jxxq/953826.htm

③ 北京已连续8年干旱 4600万立方米晋冀水援京城. http://city.sina.net/city/2006-10-13/75053.html

④ 密云水库蓄水5年首次回升. http://www.ben.com.cn/BJRB/20050119/GB/BJRB%5E18863%5E5%5E19R511.htm

⑤ 晋冀三水库今起调水入京 密云水库接水可供城区. http://www.hwcc.com.cn/newsdisplay/newsdisplay.asp? Id=112575

向密云水库输水，前四次输水量共计 2×10^8 m³①。2006 年 10 月 13 日，河北省云州水库提闸，水流沿白河经河北省赤城县至北京延庆县白河堡水库，最终将 0.16×10^8 m³ 水注入密云水库②。水资源紧缺已成为影响和制约首都社会经济可持续发展的主要因素。

密云水库作为北京市最重要的地表水水源地（北京市 60%的饮用水来自密云水库），其来水量的多少直接影响北京的水资源可使用量。自 20 世纪 50 年代中期以来，密云水库流域年平均面雨量略有减少趋势，年入库径流量呈明显减少趋势（图 1-1）。密云水库从 1960—1969 年的年平均来水量为 12×10^8 m³，减少至 1990—1999 年的 9×10^8 m³。1980—1997 年，密云水库流域年均降水 517.3 mm，比 1960—1979 年的年均降水 530.6 mm 仅小 13.3 mm，而年均来水量却减少 3.9×10^8 m³（颜昌远，2002）。

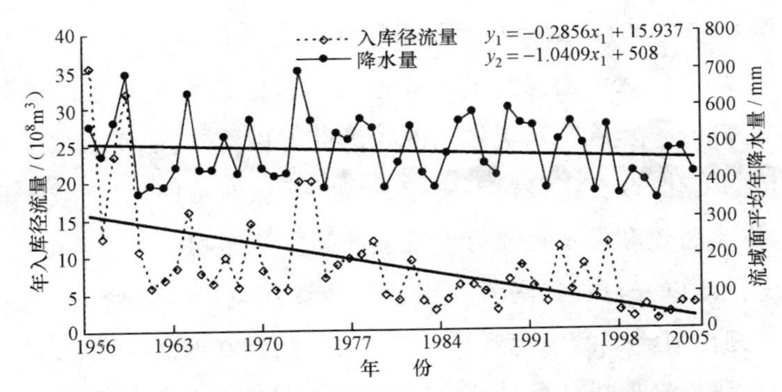

图 1-1 密云水库入库径流量、流域面雨量的时间变化

密云水库水量主要来源于白河和潮河。有关潮白河流域径流量变化及其影响因素的研究表明，河川径流量的变化除与气候变化（降水减少）有关外，还受土地利用/覆被变化（主要是流域上游水土保持综合治理等生态建设，往往通过改变土地覆被方式来实现）和山区蓄水工程（水库、塘

---

① 白河堡水库开始向密云水库调水. http://www.bjwater.gov.cn/showArticle.asp?ArticleID=2095

② 晋冀 8 水库调水抵京 河北断流暂不影响京城. http://www.bj.xinhuanet.com/bjpd_sdzx/2006-10/24/content_8329418.htm

坝等)修建、流域水资源开发利用等人类活动的影响(李丽娟等,2000;高迎春等,2002;吕洪滨,2004;张蕾娜,2004;车洪军等,2004;郝丽娟,2004;孙宁,2005)。

20世纪60—70年代,为了发展农田水利建设,密云水库以上的潮白河流域修建了许多水利工程。到1986年止,兴建大、中、小型水库49座,总库容量为2.66794×10^8 m^3;1×10^4 m^3以上的塘坝55处,塘容量为259.4×10^4 m^3;另外,还有机井、大口井及人工渠等(中国环境科学研究院等,1988)。除此之外,国家和地方政府为防治水土流失、保护密云水库的水质,在流域内开展了大规模的水土保持综合治理。从20世纪80年代以来,该流域一直是我国"三北防护林体系建设"、"京津风沙源治理"、"21世纪初期首都水资源可持续利用规划"项目等水土保持重点建设工程区和"密云水库上游国家级水土保持重点治理区"。1988年,流域水土流失面积8403 km^2;截至2000年,累计水土保持综合有效治理面积达到2224 km^2(海河流域水土保持监测中心站,2003)。水利工程的修建和水土保持措施的实施,除了对流域内的径流进行拦蓄外,还使流域土地覆被发生一定的变化,改变了径流产生与汇集的下垫面条件,对流域年径流量的变化、洪水径流和枯水径流有着直接或间接的影响。

半个世纪以来,白河、潮河的年径流量逐年减少,水资源短缺问题日益严重。潮白河流域的土地利用活动,尤其是旨在改善生态为目的的流域上游/上风地区退耕还林还草、荒山造林和坡改梯工程等所导致的土地覆被变化究竟对流域径流量变化的影响程度有多大?已修建的山区蓄水工程究竟在流域径流量变化的过程中起到什么样的作用?这些水利工程、水土保持措施对密云水库的蓄水量产生了怎样的影响?如何认识它们的作用和水源地保护的关系?随着潮白河流域水资源供需矛盾的日渐加剧,流域水土保持生态建设、蓄水工程建设对地表径流的影响与水资源短缺之间的博弈已成为人们关注的焦点之一。对于上述问题的回答,关系到流域管理的正确决策。深入研究这些科学问题,有助于统筹协调流域生态建设与下游地区水资源供给矛盾,这对于严重缺水的我国华北地区而言具有重要意义。

基于上述现实问题，本研究选取占整个密云水库集水流域面积31%以上的潮河流域作为研究区域，分析研究影响潮河流域径流量变化的因素，定量评估水土保持措施对流域年径流量的影响程度，拟为区域水土流失综合治理、正确确定和调整流域水源地生态建设策略、合理安排和布设水土保持措施提供科学依据。研究结果将对我国北方暖温带半干旱半湿润地区生态建设策略的合理调整和水资源的有效利用及合理调控具有参考价值。

1.2　土地利用/覆被变化的水文水资源效应

随着人类对与土地有关的自然资源利用活动的不断加剧，作为陆地生命支撑系统主要组成部分的土地覆被在从区域到全球的多种尺度上都发生了显著变化，并不断改变着地球表面的生物、能量和水分等多种过程，进而影响到区域资源、环境、经济和社会的可持续发展(李秀彬，1996；Lambin *et al.*，1999)。全球范围内有两大国际研究计划——“国际地圈生物圈计划”(IGBP)和“国际全球环境变化人文因素计划”(IHDP)，其核心项目——“土地利用/覆被变化科学研究计划”的推行，使得土地利用/覆被变化(LUCC)在区域尺度上的环境效应越来越受到学术界的关注(Stohlgren *et al.*，1998；傅伯杰等，1999；于兴修等，2004；Giertz *et al.*，2005)。

LUCC的重要环境效应之一是以水文效应出现的。在较长时间尺度上，气候变化对水文水资源的影响更加明显；但短期内，LUCC是水文变化的主要驱动要素之一(Croke *et al.*，2004；李丽娟，2007)。土地利用导致土地覆被变化，地表覆被的变化通过对蒸发和下渗的影响直接作用于水文过程(Gerten *et al.*，2004；Zhang *et al.*，2007)，进而影响到以水为因素的地表物质的迁移。由于LUCC过程的区域差异很大，因而LUCC的水文效应为多种形式和不同的时空尺度；如果伴以气候的短期或长期变化，将会使得水文效应更加复杂，但最明显的是对流域径流的水量和水质的影响（Calder，1992；Schulze，2000；Bronstert *et al.*，2002）。在流域尺度上，LUCC对水文过程影响的最终结果就是直接导致水资源供需关系发生变化，从而对流域生态、环境以及社会经济发展等多方面造成显著影响（DeFries *et al.*，2004；Bormann *et al.*，2005），加上政策和市场因素往往通过土地利用方式的改变作用于资源环境系统，因而LUCC在流域尺度上的水文效应模拟得到了广泛重视（Niehoff *et al.*，2002；邓慧平等，2003；Costa *et al.*，2003；Samaniego *et al.*，2006；Li *et al.*，2007；高超等，2009；李丽娟等，2010），成为区域资源问题、环境问题及生态问题上政策分析的重要手段和流域水资源规划、管理以及可持续发展等领域的核心问题（李秀彬，2002）。因此，流域尺度上LUCC水文效应的研究是目前乃至未来几十年LUCC研究的热点和前沿问题（DeFries *et al.*，2004）。

1.2.1 流域LUCC的水文效应研究进展

Calder（1992）和Bronstert *et al.*（2002）等研究者总结了具有重要水文效应的土地利用/覆被变化及其可能涉及的主要水文过程和相关的水文循环要素。在流域尺度上具有重要水文影响的土地利用变化主要有造林和森林砍伐、农业的发展（土地排水、化肥和农药的使用、作物耕种和管理方式等）、湿地排水、城市化等，受到影响的水文因子主要是年径流、枯季径流、洪水、水质和侵蚀。在全球尺度上，从陆地面积及水文影响来看，最大的变化来自造林和森林砍伐。由于径流变化能够反映整个流域的生态状况，也能用于预测未来LUCC对水文水资源的影响（Woldeamlak *et al.*，2005；李丽娟等，2007），因此LUCC水文效应的研究主要侧重于对流域径流影响的研究，尤其是对年径流量、枯水径流量和洪水过程的影响等方面（高俊峰，2002；Daniel *et al.*，2002；邓慧平等，2003；王根绪等，2005；Woldeamlak *et al.*，2005；邱国玉等，2008；Hua *et al.*，2008；李丽娟等，2010），在一定程度上揭示了LUCC与流域水文、水循环之间的关系。

森林是具有重要水文影响的土地覆被类型。在LUCC水文效应研究中，森林水文效应，特别是造林和砍伐森林对径流的影响备受关注。由于区域气候条件和地理因素的差异性、植被类型不同、研究的尺度问题以及研究方法的局限性等多方面的原因，森林植被覆盖率变化与流域径流量变化的关系、森林植被对枯水径流和洪水径流的调节作用一直是存在长期争议的问题(黄秉维，1981，1982；于静洁等，1989；李文华等，2001；陈军锋等，2001)。有些研究者认为，森林植被的存在增加河川年径流量(张天曾，1984；马雪华，1987，1993；McCulloch *et al.*，1993)，但多数结论认为森林覆盖率的增加会不同程度地减少河川年径流量(刘昌明等，1978；马雪华，1980；Meginnis，1959；Hibbert，1967；Swank *et al.*，1974；Bosch *et al.*，1982；Johnson *et al.*，1993；Whitehead *et al.*，1993；Stednick，1995，1996；Buytaert *et al.*，2007；Zhang *et al.*，2007)。森林对于枯水径流的影响的研究结果迥异。部分研究者认为，降水更容易渗入有林地的土壤而得以转化成土壤水、壤中流和地下径流，在枯水季节流出增加枯水径流量(黄明斌等，2002；Buytaert *et al.*，2007)。但也有相反的结论，有研究者发现森林植被由于枯季蒸散发增加，从而使枯水径流减少(张天曾，1984；Calder，1992；McCulloch *et al.*，1993；Woldeamlak *et al.*，2005；Zhang *et al.*，2007)。关于森林对洪水径流的影响也存在不同观点：一般的观点认为，森林可以拦蓄一部分暴雨、减少洪水总量、削减洪峰流量、延长洪峰历时、调节洪水发生过程(张天曾，1984；McCulloch *et al.*，1993；Zhang *et al.*，2007)。但也有学者发现森林拦蓄洪水的作用是有限的，森林对洪水灾害的减弱程度与土壤前期含水量、暴雨输入大小和特性(暴雨的强度和历时)等有关(Robinson *et al.*，2003)。就小暴雨或短历时暴雨而言，森林具有较大的调节作用；但对特大暴雨或长历时的连续多峰暴雨来说，森林的调蓄能力是有限的。在区域或更大尺度上，森林对洪水径流的影响是相当小的(Calder，1992；Robinson *et al.*，2003)。

从上述关于森林水文效应的研究和长期争论可以看出：土地覆被与水文的关系相当复杂，不能轻易下简单的结论；对土地覆被变化水文效应的评估，要注意地带性差异、时间和空间尺度的差异以及土地覆被的类型和结构等，不能将某一环境条件下得出的结果作为一般规律而加以应用；土地覆被变化的水文效应具有明显的区域特点，不同区域有不同研究结果。如何将不同区域研究成果归纳总结出规律性的结论，使不同区域间或同一区域不同时段间的研究结果具有可比性，从而为区域水土资源合理利用提供决策依据，这是今后需要加强研究的问题。

1.2.2 流域LUCC水文效应的研究方法评述

流域LUCC水文效应的早期研究大多采用试验流域的方法，包括控制流域法、单独流域法、平行流域法和多数并列流域法等(Bosch *et al.*, 1982; Whitehead *et al.*, 1993)。试验流域法把LUCC水文效应的评估带入科学的途径，但其局限性也比较突出。试验流域通常为小流域，采用的分析方法多为统计分析方法；野外影响水文效应的因素错综复杂，难以抓住主要因子，即使找到也无法控制，尤其在叠加了气候变化的情况下，很难从中识别LUCC对径流的影响(Archer *et al.*, 2007)；研究周期长，可对比性差，而且不可能找到两个地理和气象条件完全相同的流域，即使是同一个流域，在用于对比的两个标准期内流域的各种条件也不会完全相同，各项指标测量方法的可靠性及测量的精度和误差都有可能影响最终的结论(陈军锋等，2001)。因此，无论哪种对比都不严格，研究结果难以应用到其他小流域和更大尺度的流域。

随着计算机技术和RS、GIS技术的发展，定量解释、模拟和预测流域水文过程的水文模型的研究倍受重视，经历了由经验统计模型到集总式概念模型、再到分布式物理机制模型发展的趋向。水文模型不仅能考虑流域综合因素对水文过程的影响，而且还能通过控制某个(些)参数来控制影响水文过程的气候或下垫面因素并考察其影响程度，这为LUCC水文效应的评估提供了新的分析手段，并成为目前LUCC水文效应研究的主要方法之一。

经验统计模型，立足于流域长期实测水文气象资料，大多采用数理统计方法得出，多是回归模型或系统理论模型，比较简单、直观，计算也比较方便，仍然是目前进行 LUCC 水文效应研究中应用较多的研究手段。如 Zhang *et al*.(2001)在总结全世界范围内 257 个流域试验结果的基础上建立的年均水量平衡模型，以及 Sun *et al*.(2005)在此基础上建立的美国东南部地区年径流模型，可用于估算流域尺度上包括造林在内的土地覆被变化对蒸散的影响。该类模型的突出问题是在建立统计模型的资料范围内具有可靠精度；但在应用于其他地区或按条件外延时(尤其是预测未来土地覆被变化的影响时)，其精度难以控制。

集总式概念模型，如英国和澳大利亚联合开发的 IHACRES 模型、奥地利国际应用系统分析研究所(IIASA)建立的 CHARM 模型等，结构简单，应用较少的参数，操作方便，在国内外有较多的应用。Schreider *et al*.(2002)应用 IHACRES 模型评估了澳大利亚 Murray-Darling 农业流域的 12 个子流域(面积为 93～950 km^2)土地利用对日、年径流的影响。陈军锋等(2004)利用 CHARM 模型模拟了梭磨河流域土地覆被变化对流域水文的影响。该类模型把整个流域看成一个单元，不考虑影响水文过程的气候条件和下垫面条件的时空差异，流域参数取其平均值，只代表了流域的平均自然状况。因此，集总式水文模型不能处理不同土地利用类型和水文过程的区域差异以及流域参数的变化性，只适用于土地覆被类型比较单一的小尺度流域，在模拟空间大尺度和时间长序列的水文过程方面就显得精度不够。

基于 DEM 的分布式流域水文模型，是目前国际上水文研究的热点，也是研究 LUCC 水文效应最为有效的工具之一。该类模型在水平方向上将流域划分为多个面积相等的网格单元，或依据流域下垫面自然条件和气候条件的不同划分为面积不等的多个水文响应单元(hydrological response unit，HRU)；在垂直方向上将土壤分层，根据流域产汇流特征不同，利用一些物理和水力学的微分方程求解。分布式水文模型在一定程度上考虑了水文过程的时空变化，更方便于研究和模拟下垫面变化和气候变化对水文循环的影响；具有明确的物理机理和较高的模拟精度，在解释和预测 LUCC 的影响上有着重要的应用(Beven *et al*.，2000；王中根等,2003)。目前,国际上研制比较成功并且形成大型软件的分布式水文模型主要有 SHE 模型、VIC 模型、TOPMODEL 模型、SWAT 模型等。

由欧洲几个研究机构联合研制开发的 SHE 模型以及在此基础上发展起来的 MIKE SHE 模型和美国华盛顿州立大学的 VIC 模型,都是完全建立在基于 RS 和 GIS 技术的基础上,需要的数据量大,分辨率高,计算量大,包含了众多难以确定的参数和不能完全用数学方程式表达的过程,并且 MIKE SHE 模型需较高费用才能获得,这给模型的广泛应用带来一些困难(李道峰等,2004)。

由英国 Lancaster 大学 Beven 提出的 TOPMODEL 模型(Beven *et al.*,2000),基于 DEM 推求地形指数,并利用地形指数来反映下垫面的空间变化对流域水文循环过程的影响。该模型结构简单,优选参数少,物理概念明确,能用于无资料流域的产汇流计算,在我国应用较多。如邓慧平等(2003)利用 TOPMODEL 模型模拟了长江上游源头区-梭磨河流域土地覆被变化的水文效应。但 TOPMODEL 模型并未考虑降水、蒸发等因素的空间分布对流域产汇流的影响,因此,它不是严格意义上的分布式水文模型(王中根等,2003)。

由美国农业部的农业研究中心开发的 SWAT(Soil and Water Assessment Tool)模型(Arnold *et al.*,1998),基于 DEM,与 GIS 相结合,是一个长时段的流域分布式水文模型,具有很强的物理机制,综合考虑了流域土地利用、土壤、气象及水库等因素,适用于具有不同的土壤类型、不同的土地利用方式和管理条件下的复杂的大、中尺度流域,并能在资料缺乏的地区建模,能够模拟气候变化、土地利用变化以及管理措施等对流域水文过程、水质等的影响。该模型是一个开放、发展的模型,它采用模块化的结构,源代码公开,用户可以直接到其网站下载最新的模型源码和相关文档,有利于研究者根据研究目的不同对相应模块进行修改,并可以根据实际需要对模型提出改进,也有利于与其他模型结合,因而近年来在北美、欧洲、澳洲、亚洲得到了广泛而成功的应用,在我国长江流域(陈军锋等,2004;Hua *et al.*,2008)、黄河流域(陈利群等,2007;邱国玉等,2008)、黑河流域(王中根等,2003)、海河流域(王中根等,2008)等主要流域也得到了较多的推广,被广泛地应用于LUCC水文效应尤其是径流模拟方面的研究。但SWAT模型是针对北美的土壤、植被和流域水文结构来设计的,因此,在应用到具体区域时需要对模型的数据库部分进行修改,特别需要建立用户自己的土壤属性数据库,土地利用的编码也要进行转换(王中根等,2003);模型的建立需要足够信息量的较高精度的数据,加之模型参数具有高度不确定性,需要进行调试、率定和检验,实践应用受到一定局限。然而,SWAT模型的应用仍有其改进的空间,通过合理进行情景设计以及关键参数的实测等方法,可以进一步提高SWAT模型在流域LUCC水文效应研究中的应用。

鉴于单一方法的局限性,多种方法的综合利用也是研究LUCC水文效应的一个必然趋势。在LUCC水文效应研究中,采用时间序列对比法、降水-径流双累积曲线法、趋势分析法、特征变量时间序列法等统计分析方法与水文模型相结合(Loerup *et al.*,1998;许炯心等,2003;王根绪等,2005;Lacombe *et al.*,2008),能够有效地排除气候变化对流域水文过程的影响;分别采用两个或两个以上的流域水文模型对LUCC的水文效应进行对比研究(陈军锋等,2004;Jewitt *et al.*,2004;Bormann *et al.*,2005;陈利群等,2007),可以弥补不同方法的缺陷,更好地模拟LUCC的水文效应。

综上所述,LUCC水文效应的研究方法由传统的试验流域法转向水文模型方法,由只关注LUCC造成的结果转向揭示LUCC对水文水资源影响的过程和机理。尽管利用流域水文模型模拟土地覆被变化影响的研究取得了一定进展,但是应用RS和GIS技术建立分布式水文模型模拟气候与LUCC水文效应的研究工作仍显得薄弱,还存在诸如模型的尺度转换问题、模型模拟结果的不确定性问题,尤其是区分土地覆被变化的信号与其他参数不确定性等难点的科学问题(李秀彬,2002)。基于物理机制的分布式水文模型是LUCC水文效应研究最具有潜力的方法,但该类模型对输入数据的要求较高,参数也非常多;而且这些模型大都来源于国外，很多参数是根据国外的自然条件或标准而设定的，国内的数据需要转换或者寻找其他的数据来替代，不便于从模型结构和参数方面直接揭示 LUCC 对水文和水资源影响的过程与机理，这必将影响模型的模拟精度。因此，在模拟过程中应根据研究区域实际状况、现有数据和需要解决的实际问题来选择合适的分布式水文模型，对这些模型在中国的适用性还需要进一步的实例验证和改进。如何系统有效地评估 LUCC 的水文效应，这是目前亟待解决的问题。

1.3 水土保持措施的水文水资源效应研究进展

1.3.1 水土保持措施调控径流的机理

"水土保持"一词源于我国黄土高原。国外称之为"土壤保持"，个别国家如日本称"砂防工程学(SABO)"，奥地利称"荒溪治理"，朝鲜称"治山治水"或"土地保持"(王礼先等，2004)。我国台湾称其为"土壤保育"，实际上我国南方部分湿润地区只需保土，而保水的需求不大。

水土保持措施是依据水土流失产生的原因、水土流失类型、方式和流失过程以及水土保持的目标所设计的防治土壤侵蚀的工程(景可等，2005)。水土保持措施的类型很多，大体上可以概括为三大类(王礼先等，2004；景可等，2005)：第一类为工程措施，以坡面与沟道防蚀拦沙蓄水措施为主，主要有各类梯田、鱼鳞坑、谷坊和淤地坝等；第二类为林草措施，主要是造林、种草；第三类为耕作措施，是专指坡耕地通过改变耕作方法实行防治水土流失的工程，如等高耕作、等高垄作、覆盖耕作和免耕等。

水土保持有多种措施，不同的措施对水资源的影响不完全相同；即使同一种措施，在不同的时间、气候条件下对水资源的影响也不完全相同。由于上述三类措施的作用途径不同，物质形态和径流调控机理也就不同，对流域的产流量及洪水过程具有不同的影响。

水保工程措施分为坡面工程措施和沟道工程措施：坡面工程措施主

要是通过改变微地形来直接拦蓄径流泥沙,或减缓流速达到减水减沙目的。如梯田、鱼鳞坑、水平沟等,就是分段或分块截短坡长并改变坡降来拦截坡面径流,减沙主要通过减水来达到;治沟骨干工程、淤地坝及谷坊等主要是拦截沟道径流泥沙和抬高侵蚀基面;沟头防护工程则是将沟头集流引开或分散处理,其作用主要是导流。还有一些针对重力侵蚀采取的护岸、护坡措施,但其数量在水土保持工程中较少。

植物措施主要配置在坡面,但在沟道及沟谷也占一定数量(如沟底防冲林、护坡林等)。植物措施的水保作用主要表现在三个方面:一是利用其地上部分的干、枝、叶截留降水;二是利用地面枯落物吸收降水,阻滞地面径流;三是枯落物腐烂后分解与表土结合,改善土壤结构,增加土壤黏聚力和孔隙度,从而达到增渗和抗蚀的目的。

水保耕作措施纯粹是在农耕地上实施的,方法主要包括水平犁沟、沟垄耕作、轮作、蓄水聚肥耕作等,它主要是通过改变微地形,增大植被覆盖率,调整和延长覆盖时间,改善土壤结构,从而增加入渗率和入渗总量,以达到减水减沙目的。

(一)梯田调控径流的机理

坡耕地修成梯田后,改变了原有小地形,改变了地面坡度,缩短了坡长,使田面变得平整,降水落到田面后不易形成汇流,直接入渗成为壤中流,从而减小了径流系数,也起到了减蚀作用。另外,坡改梯后,成为好的基本农田,由于精耕细作,改善了梯田的土壤结构,增加了入渗强度,田面上栽培的植物,增加了水流阻力,延长了入渗时间,并且田埂可拦截住梯田内产生的径流和冲刷的泥沙。

(二)林草措施调控径流的机理

造林种草的径流调控机理主要体现在:一是植被截留降水;二是枯枝落叶层和草皮保护地表土壤不受雨滴溅蚀,增加地表糙率,从而降低水流速度、削减径流动能,调节地表径流,延长土壤入渗时间,减少径流量和流水对土壤的冲蚀。林地的蓄水减蚀作用与树种、林龄、郁闭度有直接关系,牧草地的蓄水减蚀作用主要是植被密集紧贴地面、根系固结土壤,从而增加入渗率，故草被的拦泥蓄水与覆盖度紧密相关。

(三) 水保耕作法调控径流的机理

水土保持耕作法是指在坡耕地上通过耕作活动，以改变微地形、土壤结构和作物配置方式来达到保持水土、提高作物产量的农业耕作方法。水土保持耕作法由于改变了微地形或提高了地面被覆度，因而能延缓径流发生时间。

(四) 小结

综上所述，水土保持措施可对流域内的径流进行直接拦蓄从而影响流域径流量；使流域土地利用/覆被发生一定的变化，从而改变了径流产生与汇集的下垫面条件，使产流、汇流过程发生变化，间接影响流域径流量；增加了流域对降水的拦蓄能力，改变了地表径流和地下径流的分配格局和时序，从而在一定程度上改变了河川径流的年内分配；水土保持措施拦蓄的降水主要用于改善当地环境生态、生产生活条件，林草植被蒸散发也需要消耗部分水量；这些必然在一定程度上影响流域的总产水量，从而也影响了进入河川的总径流量(沈国舫等，2001；景可等，2005)。

1.3.2 水土保持措施水文水资源效应的研究现状

长期以来，国内外在水土保持研究方面大多是侧重于流域土壤侵蚀规律和水土保持措施对产沙输沙、减沙效益以及农作物产量的影响，而水土保持措施对水资源影响的研究没有给予足够的重视，仅有的少数研究集中于对径流过程和径流量的影响以及减水效益的研究上。

(一) 水保单项措施的水文水资源效应:径流小区或坡面尺度研究

国内外对林草措施、水保耕作措施和水保工程措施对水资源的影响的研究较多，这些研究基本上是在径流小区观测和对比流域试验的基础上进行的。20 世纪 80 年代中期以前，所有水土保持单项措施的效益研究都是通过水土保持试验区观测资料展开，这些试验研究除了观测各水土保持措施的保土效益外，还观测其水文效应，对水资源的影响多半没有考虑。但是这些小区或坡面尺度的试验研究客观上为把水土保持措施对水资源的影响由点到面、由小区推到大区奠定了坚实的理论基础,也在此后进行大区或大流域范围的减水效益评价中发挥了重要作用。

1. 林草措施对水资源的影响

国内外有关林草措施对水资源影响的试验研究较多,研究内容主要有林草措施调控径流的机理、林草措施的耗水量、不同植被类型与流域径流量变化的关系等。

有关林草措施径流调控机理方面的研究,主要集中在林草措施的水文功能方面,主要包括树冠截留、树干滞流、林下植被及枯枝落叶层滞流和增加土壤入渗等。植被截留直接影响径流量,因此,对截留量、截留过程及其影响因素的研究(柳春生等,1980;董世仁等,1987;刘向东等,1991;Hornbeck,1992;温远光等,1995;张建军等,1995;赵鸿雁等,2002)以及各种截留量模型(Rutter *et al.*,1971;Gash *et al.*,1979;刘家冈,1987;孔繁智等,1990;Liu *et al.*,1997;王彦辉等,1998)的探讨就成为了重点。森林植被的截留作用受植被类型、覆盖度、郁闭度和降雨类型的影响,其截留率变化较大,在12%~35%之间(刘世荣等,1996)。地表枯枝落叶层能截蓄降水、滞缓地表径流、增加入渗,抑制土壤蒸发(Putuhena *et al.*,1996;陈江南等,2004;唐克丽等,2004)。根系-土壤层可提高土壤的渗透性和贮水量(唐克丽等,2004)。对草地的蓄水量与其影响因素的关系方面的研究(卢宗凡等,1995;焦菊英等,2000,2001;Fiener,2005),表明草地具有较好的蓄水作用(包括草层截雨、土壤贮水)。

对林草措施耗水量的研究,可为节水型水土保持措施的配置提供参考依据。植被耗水量的大小与植被类型密切相关。一般情况下,乔木林>灌木林>草地>裸地。降雨量也是影响植被耗水量的重要因素(尹忠东等,2005)。

开始于1900年的瑞士Emmental山区两个小流域对比试验是研究森林植被变化对流域产水量的影响的开端(Whitehead *et al.*,1993)。Emmental山区30年的流域对比试验观测资料表明,森林流域年径流量比以草本植物为主的流域小11%,洪峰流量也低,但其基流量较高

(McCulloch *et al.*,1993)。美国开始于1909年的Wagon Weel Gap的对比流域试验则开始了关于森林砍伐对流域产水量影响的研究,结果显示砍伐掉森林的流域每年大约增加产水量30 mm。从此以后,通过流域对比试验来研究森林砍伐或植被类型变化对流域产水量的影响日渐增多(Meginnis,1959;Swank *et al.*,1988;Johnson *et al.*,1993;冯秀兰等,1998;Zhang,1998;秦永胜等,2001;Brown *et al.*,2005)。一般认为,针叶林、硬木落叶林、灌木林、草本植物对流域产水量的影响呈递减趋势,这些植被类型的覆盖率各变化10%将分别引起流域年总产水量约40 mm、25 mm、10 mm、10 mm的变化量(Bosch *et al.*,1982)。我国有些研究者对林草植被的减水效益进行了研究,减水效益与降雨条件、植被类型、植物年龄及覆盖度有关(侯喜禄等,1985;郝建忠,1993;焦菊英等,2001)。不同的植被类型减水效益不同,一般情况下造林的减水效益要大于种草的减水效益(陈中方,1985;郝建忠,1993)。但也有对采取生物措施后增水效益方面的研究,如华北石质山区,森林覆被率每增加1%,流域径流深增加0.4~1.1 mm(中国林学会考察组,1982),其增水效益更加突出。

2. 水保耕作措施对水资源的影响

国内外关于水保耕作措施对水资源影响的研究相对较少,主要研究不同耕作方式对坡面产流和地表径流量以及土壤含水量的影响。1917年美国的M.F.米勒在密苏里农业实验站首次布设径流小区开展农作物及轮作对侵蚀和径流的影响研究。与传统耕作方式相比,水保耕作法的减水效益较大,平均在50%左右(陈中方,1985;郝建忠,1993;McDonald *et al.*,2002;Li,2003),并且可提高土壤稳定入渗率、增加土壤含水量(Karlen,1990;Sivanappan,1995;Li,2003),延缓地面产流时间、降低坡面径流流速及减少坡面产流量(Shipitalo,2000;Basic,2001;Jalota,2001;Tan,2002;Spaan *et al.*,2005),增加降水入渗量(李鸿杰等,1992;石生新,1994;张兴昌等,1994;Li,2003;王健等,2005)。但是水保耕作措施对水资源的影响很复杂,减水效益的大小与次降雨的强度、历时有着很重要的关系。如遇到长历时的暴雨,不但不能保水,反而对坡面产生破坏。

3. 水保工程措施对水资源的影响

从径流小区或坡面研究尺度来看，单项水保工程措施对水资源的影响研究很少，主要集中于坡面工程措施尤其是水平梯田土壤水分动态及其减水效益方面。此外，有些学者对于非洲国家的水土保持工程（技术）措施（如 Fanya Juu，soil/stone bund，grass strips/vegetation barrier，double ditches，jessr/impluvium 等）对径流的影响比较关注，并开展了一些研究工作。

对于水平梯田土壤水分动态的研究表明：坡改梯后土壤水分、入渗性能、土壤物理性状等指标都得到明显的改善（Schiettecatte *et al.*，2005）；梯田横断面的水分分布规律为近地边部分的土壤水分较中部、内部为少，垂直断面的水分分布是从地表越往下越稳定；土壤含水量的变化受坡向、坡位、降水和蒸散变化等因素的影响，阴坡梯田土壤含水量高于阳坡梯田，切土部位高于填土部位（叶振欧，1986；曲继宗等，1990；Pujiyanto，1996；杨开宝等，1999；张永涛等，2001）。水平梯田的减水效益显著，黄丘一区的水平梯田年均减水效益为 87.7%（郝建忠，1993）。水平梯田的减水效益的大小与其质量呈正比，而与降雨量和降雨强度的关系比较复杂（张金慧等，1993；焦菊英等，1999；吴发启等，2004）。

对非洲一些国家（如埃塞俄比亚、厄立特里亚、突尼斯、布基纳法索等）的单项水保工程（技术）措施对径流的影响的研究也表明：大多数水保工程（技术）措施减少地表径流的程度是相当大的（Herweg *et al.*，1999；Schiettecatte *et al.*，2005；Spaan *et al.*，2005；Tenge *et al.*，2005）。

4. 研究存在的问题

从上述研究来看，林草措施对水资源的影响方面的研究已较深入，而水保耕作措施和工程措施对水资源的影响的研究尚有不足。这些研究大多是野外试验和观测，理论分析欠缺，研究所得的结果仅能说明某处、某种措施在某一特定情况下的试验结果，很难在大范围内推广应用。研究的基本结论是各项措施在正常情况下都有拦蓄降水的功能，但各项措施对径流是否产生影响，学术界对此认识不尽相同。这里涉及一个重要的基本理论问题,即不同下垫面条件的水循环模式:入渗的土壤水转化为地下水,还是通过蒸腾与蒸散成为大气水?需要进一步深入研究。

(二) 水保综合措施的水文水资源效应:流域尺度的研究

水土保持综合措施对水资源影响的研究有两种流域尺度:一种是小流域尺度,以小流域内小区观测结果为基础,研究小流域综合治理对径流过程和减水效益的影响;另一种是在大流域尺度上根据水文站观测资料进行的水土保持综合治理的减水效益的计算分析。

1. 小流域水土保持措施对水资源的影响

小流域水土保持措施对水资源影响方面的研究开展较多。这些研究主要是采用小流域治理对比观测试验资料,论述小流域治理对地表径流量和径流过程的影响,对小流域治理后的减水效益进行分析研究。

美国学者道纳尔德. E. 惠兰分析了水土保持对美国米锐马克流域的拜可河(流域面积 143 km^2)水文过程线的影响:水土保持可使河川年径流量从 17%减少到 11%,但可使地下径流量增加 2%,水土保持总体可使年径流量减少 3%;水土保持措施能很好地调节径流,降低洪水流量(穆兴民等,2004)。多数研究认为,水土保持能使小流域产洪次数减少、地表径流模数和径流系数减小、年径流量减少、流域蓄水量增加;使小流域地表径流模数的年际变率增大;使洪水产流过程中流域产流起始时间滞后、洪峰流量降低、洪水历时延长(周圣杰等,1985;穆兴民等,1998,1999;丁琳霞等,2004)。

1980 年中华人民共和国水利部提出以小流域为单元统一规划,综合治理水土流失。因此,自 20 世纪 80 年代中后期以来,我国对小流域治理后的减水效益方面的研究颇多,但结论不尽相同。由表 1-2 可见,不同的被治理的小流域由于自然条件、面积、治理程度、水土保持措施配置体系等方面的差异以及观测资料年限不同步等因素的影响,减水效益的大小各不相同,最小仅 3.6%(河南商城土石山区),最大可达 92.8%(陕西绥德小石沟)。一般情况下,小流域综合治理程度越高,减水效益越大,其中水平梯田、淤地坝越多减水效益越明显。但长江流域的小流域治理程度

表 1-2 不同小流域治理后的减水效益

流域	小流域名称	资料年限	面积/km^2	治理度/(%)	水保措施	年均减水效益/(%)
黄土高原(黄土丘陵区)	陕西绥德韭园沟(郝建忠,1993;He *et al.*,2003)	1954—1988	70.1	56.3	梯、林、草、坝	49.9
	陕西离石王家沟(郝建忠,1993)	1954—1975	9.1	72	梯、林、草、坝	37.2
	陕西离石插财主沟(郝建忠,1993)	1956—1970	0.19	40.3	梯、林、草、坝	49.4
	陕西绥德桑坪则(郝建忠,1993)	1955—1960	0.82	30	梯、林、草、坝	29
	陕西榆林青草沟(郝建忠,1993)	1958	0.36	48.4	梯、林、草、坝	19.9
	陕西绥德王茂沟(郝建忠,1993)	1962—1963	6.97	25.4	梯、林、草、坝	19.4
	陕西绥德想她沟(郝建忠,1993)	1958—1961	0.45	38.4	梯、林、草、坝	23.7
	陕西绥德育林沟(郝建忠,1993)	1959—1988	0.14	82.6	梯、林、草、坝	64.7
	陕西绥德小石沟(郝建忠,1993)	1959—1988	0.23	82.6	梯、林、草、坝	92.8
	陕西绥德第三试验场(郝建忠,1993)	1959—1988	0.31	82.6	梯、林、草、坝	70.1
	甘肃吕二沟(高小平等,1995)	1954—1989	12.01	62.3	梯、林、草	23.9
平均			9.15	56.45		43.64
海河流域	河北怀安洪沟试验场(黄土丘陵区)(陈中方,1985)	1957—1967	1.11	70	林	72
	河北怀安王沟(土石山区)(陈中方,1985)	1958—1961	0.12	70	林、谷坊	59.6
	河北怀安南沟(土石山区)(陈中方,1985)	1960—1967	1.2	75	林、谷坊	53
	北京延庆汉家川(土石山区)(郭廷辅等,2004)	1987—1992	21.78	71	林、草、谷坊	91.63
平均			6.05	71.50		69.06

（续表）

流域	小流域名称	资料年限	面积/km²	治理度/(%)	水保措施	年均减水效益/(%)
淮河流域	河南汝阳浑椿河(土石山区)(郭廷辅等,2004)	1986—1992	43.58	92	梯、林	42.65
	河南商城(土石山区)(胡传银等,2004)	1985—1998	9.02	49	梯、林、塘堰	3.6～10.7
平均			26.30	70.5		23～26.7
长江流域	江西兴国塘背(土石山区)(郭廷辅等,2004)	1980—1988	16.38	96.2	梯、林、草	30
	陕西汉中黑草河(土石山区)(沈国舫等,2001)	1984—1993	24.85	78.7	林、草	16
	湖北宜昌太平溪(花岗岩区)(沈国舫等,2001)	1983—1992	26.14	82.1	梯、林、塘堰	28.2
	湖北秭归王家桥(紫色砂页岩区)(沈国舫等,2001)	1989—1993	16.7	92.8	梯、林、谷坊	25.6
平均			21.02	87.45		24.95

虽比黄河流域、海河流域的高，年均减水效益却最低，这与各个流域的气候条件、水土保持措施的结构、产流方式等有密切的关系。

2. 重点治理大流域的研究

我国对大流域水土保持措施的减水效益的研究较多，而国外在该方面的研究相对较少。20 世纪 90 年代以来，我国的水土保持已从小流域综合治理发展到大规模、集中连片治理的新阶段。为了给政府和各有关部门在水土保持方面提供宏观决策的科学依据，在进行小流域尺度研究的同时，扩大了研究尺度，开始重视大流域层面上的研究。

(1) 黄河流域水土保持措施的减水效益研究

20 世纪 70 年代以来，黄河流域开展了大规模的水土保持综合治理。同期，黄河下游及不少支流相继出现断流，水资源供需矛盾日益加剧，从而使得水土保持蓄水效益的研究问题越来越受到各方面的关注和专业人员的重视。水利部专门设立了黄河水沙变化研究基金和黄河流域水土保持基金，对黄河中游(河龙区间)的干流、支流(渭河、泾河、北洛河)等重点流域侵蚀产沙规律、水土保持减水减沙效益和水沙变化进行了较系统的研究。研究的重点为水土保持措施的减沙减水效益及其计算方法的探讨，突出的特点是研究尺度从小区、小流域走向大区域、大流域。黄土高原的水土保持研究一方面侧重于泥沙输移规律和减沙效益方面，同时也十分重视减水效益及其原因等方面。

近 20 年来，黄河中游水土保持措施减水效益主要有 6 大成果(冉大川等，2000)。由于所涉及的同一研究流域各项水土保持措施的累计保存面积的统计出入较大(见表 1-3)，以及计算方法不同等因素，导致 6 大成果计算的减水效益出现较大差异(见表 1-4)。除国家“八五”攻关研究成果外，其余 5 大成果的“水文法”减水效益均大于“水保法”减水效益；1970—1989 年 20 年平均，水沙基金Ⅱ所计算的减水效益是最小的，用“水文法”所计算的减水效益以国家自然科学基金的最大，而用“水保法”所计算的减水效益以国家“八五”攻关的最大。

表 1-3 黄河中游河龙区间 1989 年底各项水土保持措施累计保存面积统计

(冉大川等,2000)

基金名称	水土保持措施累计保存面积/(10^4 hm^2)①					措施面积占流域面积的比例/(%)
	梯田	造林	种草	坝地	合计	
水沙基金Ⅰ	59	181.05	45.84	6.64	292.53	25.89
水保基金	56.06	144.84	36.67	5.15	242.72	21.48
国家自然科学基金	39.9	292.4	74	7.1	413.4	36.58
国家“八五”攻关	30.2	120.7	16.8	6.4	174.1	15.41
黄委“八五”攻关	36.4	203.29	24.73	5.24	269.66	23.86
水沙基金Ⅱ	34.48	198.62	21.14	5.63	259.87	23
水沙基金Ⅱ*	48.59	253.73	24.08	6.82	333.22	29.49

注:水沙基金Ⅱ* 数据统计到 1996 年底。

表 1-4 黄河中游河龙区间水土保持措施减水效益研究成果 单位:10^8 m^3

方法	时段	水沙基金Ⅰ	水保基金	自然基金	国家“八五”攻关	黄委“八五”攻关	水沙基金Ⅱ
水文法	1970—1979	10.55	9.89	16.70	10.92	9.62	6.53
	1980—1989	15.55	16.82	21.24	13.65	13.75	10.86
	1990—1999						9.73
	1970—1989	13.05	13.36	18.97	12.30	11.69	8.70
水保法	1970—1979	10.23	7.44		11.52	10.05	5.77
	1980—1989	13.25	7.35	未做	14.49	10.62	8.09
	1990—1999			未做			7.05
	1970—1989	11.74	7.40		13.00	10.34	6.93

数据来源:冉大川等(2000)。

除河龙区间外,泾河、北洛河、渭河及其支流地处黄河中游,也是黄河泥沙和粗泥沙的重要来源区之一。由表 1-5 可见,河龙区间、渭河、泾河、北洛河流域,水土保持措施的减水效益,都随时间的变化而呈增长趋势。但不同流域减水效益不同,这与各流域的气候条件、流域特征、不同年代水土流失治理进度和治理面积、水土保持措施的数量、质量及配置等密切相关(见表 1-6)。不同年代水土流失治理面积的增加和治理进度的加快使得各流域的水土保持措施的减水效益呈增长趋势。

① hm^2 即 ha(公顷),1 ha=10^4 m^2=1 hm^2。

表 1-5　黄河中游干流及主要支流水土保持措施水保法减水效益　单位:(%)

时　　段	渭河流域(赵俊侠等,2001;王宏等,1994,1995,2001)	泾河流域(冉大川等,2001)	北洛河流域(刘斌等,2001)	河龙区间(冉大川等,2000)
1970—1979	33.9	37.5	25.6	16.5
1980—1989	27.2	34.7	17.6	23.3
1990—1996	47.7	36.9	21.5	25.8
1970—1996	33.7	36.3	21.4	21.0

表 1-6　黄河中游主要支流 1989 年底各项水土保持措施累计保存面积统计

流域名称	水土保持措施累计保存面积/(10^4 hm^2)					措施面积占流域面积的比例/(%)
	梯田	造林	种草	坝地	合计	
渭河(赵俊侠等,2001)	52.85	75.66	20.54	0.32	149.37	23.6
泾河(冉大川等,2001)	23.56	41.35	10.23	0.49	75.63	16.66
北洛河(刘斌等,2001)	4.64	18.26	3.98	0.44	27.32	10.16

(2) 其他重点治理流域水土保持措施的减水效益研究

除黄河水利委员会外,一些高校、研究所以及各省、市的水保部门应用不同方法对全国水土流失及水土保持治理重点流域的水沙变化规律及水保措施的减水减沙效益进行了研究。由表 1-7 可见,“长治”工程实施以来,嘉陵江流域水土流失现象得到了一定控制,该流域水土保持措施的减水效益约为 1%～30%(沈燕舟等,2002;张明波等,2003;杨泉等,2005);淮河源、颍河源水土保持工程的平均年相对蓄水效益分别为 6.3%和 36.1%(淮委水土保持监测中心站等,2005);滦河流域水土保持措施的年平均保水效率为 6.33%(李海东等,2004)。

表 1-7　嘉陵江流域、淮河流域、滦河流域水土保持减水效益研究成果表

<table>
<tr><th colspan="3">流域名称</th><th>流域面积/km²</th><th>多年平均降水量/mm</th><th>多年平均年径流量/(10⁸ m³)</th><th>水土保持减水效益/(%)</th></tr>
<tr><td rowspan="5">嘉陵江流域</td><td colspan="2">平洛河(干旱少雨土石山区)</td><td>741</td><td>600</td><td>1.8</td><td>5.5</td></tr>
<tr><td colspan="2">大通江(暴雨区)</td><td>1970</td><td>1200</td><td>16.7</td><td>10.2</td></tr>
<tr><td rowspan="2">西汉水</td><td>上游(黄土区)</td><td>3439</td><td>500</td><td>7.96</td><td>30</td></tr>
<tr><td>中下游(土石山区)</td><td>6099</td><td>500</td><td>14.4</td><td>6.5</td></tr>
<tr><td colspan="2">嘉陵江</td><td>158 000</td><td>1494</td><td></td><td>1～3</td></tr>
</table>

(续表)

流域名称		流域面积/km²	多年平均降水量/mm	多年平均年径流量/(10⁸ m³)	水土保持减水效益/(%)
淮河流域（土石山区）	淮河源	1640	1031.7	6.48	6.3
	颍河源	627	661.1	0.88	36.1
滦河流域(土石山区)		33 700	527.5	17.17	6.33

数据来源:平洛河、大通江数据来源于沈燕舟等(2002)、张明波等(2003);西汉水数据来源于张明波等(2003);嘉陵江数据来源于杨泉等(2005);淮河源、颍河源数据来源于淮委水土保持监测中心站等(2005);滦河数据来源于李海东等(2004)。

(3) 不同流域水土保持措施的减水效益对比分析

由表1-5、表1-7可知,不同流域的水土保持综合措施的减水效益不同;即使是同一流域,其上、中、下游的水保减水效益差异也较大,这与各个流域的气候条件、下垫面因素、水土保持措施的面积和保存率、水土保持措施的结构等有密切的关系。干旱少雨的土石山区的水土保持综合措施的减水效益(6%左右)要比干旱的黄土区(20%～40%之间)小得多,原因是由于下垫面不同,土石山区蒸发和下渗损失要比黄土区小、山区性河流汇流速度快;水土保持措施的减水效益在干旱的地区要比降雨丰沛的地区表现得较为明显,这可能与产流机制有关,湿润的地区多为蓄满产流,干旱的地区多为超渗产流,因此湿润地区的水土保持措施的减水作用相对减弱因而治理后减水不太明显;此外,湿润地区不但不需要保水,还要排出多余的雨水径流,这也可能导致湿润地区水土保持措施的减水效益较小。

3. 水土保持措施不同配置体系的减水效益研究

由于影响因素、物质形态和径流调控机理不同,各类水土保持措施对流域的产流量及径流过程具有不同的影响。对于同一个水土流失类型区,如果治理度相同,而不同措施的配置比例不同,其综合治理的减水效益可能会有很大的差异。怎样将各项措施针对不同水土流失特点,科学合理地配置在不同水土流失部位,投入少却能发挥最优效益,这方面的研究不是太多。少数研究认为流域治理效应与水土保持措施类型的配置方案有关(姚文艺等,2004;陈江南等,2005)。

4. 小结

虽然国内外关于径流小区(或坡面尺度)和小流域水土保持措施的水文效应的研究较多,但由于控制降水-径流过程因素的多样性和可变性,使得在大、中流域尺度上确切分离和评估水土保持措施的水文效应的难度较大。一般来说,关于流域尺度水土保持水文效应的研究认为,水土保持措施能减少河川年径流量,使流域产洪次数减少、产洪起始时间延迟、洪水历时缩短、洪峰流量降低及洪水总量减少。但各个流域的气候条件、下垫面因素、水土保持措施的面积和保存率、水土保持措施的结构等因素不同,可能使不同流域水土保持的水文效应差异较大。

(三)当前研究中存在的问题及研究展望

纵观国内外水土保持半个多世纪的发展,在水土保持措施对水资源影响的研究方面,以径流小区、小流域尺度为对象的水土保持措施对水资源影响的研究正逐步深入,大区域、大流域尺度的减水效益的研究日益得到重视;在水土保持的减水效益研究方面,从单项到综合、从微观到宏观、从自然因素到人类活动影响,进行了比较系统的研究,取得了大量有用的成果,为研究制定水土保持方向、措施与发展战略,提供了依据。

然而,该方面的研究还存在许多不足之处。单项措施,特别是林草措施对水资源的影响的研究已比较深入,但水土保持措施的不同配置体系对水资源的影响的研究还没有引起足够的重视;由于径流小区或坡面尺度、小流域尺度和大流域尺度上的产流机制各不相同,如何把代表小区的试验和观测结果应用于大面积流域上、实现从小区到大流域的转化(即尺度转换)方面的研究尚显不足;以往多侧重于对水土保持措施的减水效益分析,而对水量平衡、水分循环,尤其是对入渗、蒸发、壤中流、地下径流的影响等方面,还有待进一步深入研究探讨。

1.3.3 水土保持措施水文水资源效应的评价方法研究进展

国内外有关小流域尺度上水土保持措施的水文水资源效应的研究方

法,主要有试验流域方法、特征变量的时间序列分析方法和水文模型模拟方法。试验流域方法(Meginnis,1959;Bosch *et al*.,1982;周圣杰等,1985;Šwank *et al*.,1988;Johnson *et al*.,1993;刘贤赵等,2000;王国庆等,2002;Brown *et al*.,2005)较早应用于水土保持措施的评估,尤其是评估森林与径流和流域水量平衡关系。该方法把水土保持措施对水资源影响的评估带入科学的途径,但由于试验流域通常为小流域,找到两个条件完全相同的小流域是不可能的,即使是同一个流域,在用于对比的两个标准期内小流域的各种条件也不会完全相同。特征变量的时间序列分析方法(穆兴民等,1998,1999;丁琳霞等,2004)是指针对一个小流域,选择较长时间段上反映水土保持措施水文效应的特征参数,尽量剔除其他因素的作用,从特征参数的变化趋势上评估水土保持措施的水文效应。该方法简便易行,但由于特征参数的变化受多种因素的影响,所获取的研究结果精度较低(如不能区分气候变化和水土保持措施变化对径流系数的影响)。此外,一些研究者采用水文模型法(郝建忠等,1989;包为民,1994;黄明斌等,2001)对小流域综合治理后对地表径流的影响进行了模拟计算,大多是一些探索性的研究,尚未得到广泛应用。

水土保持措施具有减水的作用,这种作用通过减水效益加以量化和评价。国内有关大流域尺度上水土保持措施减水效益方法的研究,主要开始于20世纪80年代,并且多数是围绕黄河水沙变化及水土保持措施对减少入黄水沙量的研究而展开的。从1987年水利部第Ⅰ期黄河水沙变化研究基金会对"黄河水沙变化及其影响"进行立项研究开始,相继在几个重大项目中开展过类似的研究,研究方法主要分为"水文法"和"水保法";徐建华在第Ⅱ期水沙基金项目研究中还提出了"水文-水保混合计算法"(徐建华等,2000);还有少数研究者采用物理概念模型法(王宏等,1995;汤立群等,1998,1999)。国外针对于大流域尺度水土保持措施减水效益方面的研究不多见,因此相应的减水效益方法的探讨亦不多见。在此,重点阐述较大流域尺度上水土保持措施减水效益的评估方法——"水文法"和"水保法"。

(一) 水文法

“水文法”是利用水文观测资料建立水文统计模型分析水土保持措施减水作用的一种方法。其基本原理是以水土保持措施明显生效前的降水、径流实测资料为依据,建立降水-产流经验关系式——水文统计模型,以此关系式代入水保工程明显生效以后的实测降水资料,计算出如下垫面条件不变时应产生的水量,计算水量和实测水量之差即为人类活动影响的减水效益。

“水文法”通过对降水产流关系的分析,区别出降水和水土保持措施对流域水量变化及减水的影响程度。降水-产流模型是流域进行综合治理减水作用计算的基础,也是“水文法”研究的核心。水土保持措施实施前的降水-产流数学模型的精度及降水资料的可靠性是“水文法”计算的关键。

“水文法”具体研究计算方法有不同系列对比法、双累积曲线相关法、径流系数还原法、经验公式法(降水-产流模型)等。这几种计算方法结果可相互印证对照,其中经验公式法是“水文法”减水效益计算中最重要的一种计算方法。

徐建华等(1988)运用灰色系统理论的灰色关联分析方法,研究了祖厉河流域流量与降水指标之间的关系,提出了水土流失因素定量分析的数学模型,并对该流域人类活动对径流减少的贡献率进行了计算。时明立(1993)分别采用不同系列对比法、双累积曲线分析法、经验公式法等水文分析法对黄河河龙区间的降水和人类活动(包括水利、水土保持措施等的作用)所影响的减水量进行了分析研究,不同方法计算的减水效益有所不同。冉大川等(1996)对降雨-径流双累积曲线相关分析法中两种不同算法的合理性进行了分析研究。荆新爱等(2005)采用时间序列对比方法分析了黄土高原清涧河流域水土保持对流域暴雨洪水过程及径流量的影响。更多的研究者(冉大川等,1992,2000;曹文洪等,1993;徐建华等,2000;沈燕舟等,2002;陈江南等,2004;许炯心等,2004;王飞等,2005)采用回归分析法或经验公式法来研究水土保持措施对径流的影响。王宏等

(1994,1995)对渭河流域降雨-产流经验公式进行了研究,并对水土保持措施的减水效益进行了计算。穆兴民等(2004)在变量共线性分析基础上,提出了流域降水量标度和水土保持标度及其计算方法,建立了流域降水-水土保持-径流统计模型。该模型不仅能分离水土保持措施对河川径流量影响程度,而且还可分析降水及水土保持对流域径流量变化的影响。

(二) 水保法

"水保法"是根据水土保持试验站对各项水土保持措施蓄水作用的观测资料,按各项措施分项计算后逐项相加,并考虑流域人为增洪量等计算水土保持蓄水作用的一种方法。这种方法特别强调的是成因,是从成因方面分析计算流域水量变化的一种方法,因此"水保法"也叫成因分析法。

传统"水保法"存在的主要问题包括:将小区观测资料移用到大、中流域时,存在人为指定性;各项水土保持措施分项计算后逐项相加难以反映产流过程中的内在联系。为了克服传统"水保法"的上述缺陷,由于德广、冉大川等主持完成的水沙基金Ⅱ在坡面措施减洪效益计算中首次采用了"串联法"和"并联法"进行平行研究;并且在由张胜利等主持的国家"八五"重点科技攻关项目和由李倬等主持完成的黄委会黄河上中游管理局"八五"重点课题的研究基础上,对"串联法"进行了改进;在径流变化研究中将洪水与常水分开研究,突出了对洪水的研究,使流域水土保持措施减少洪水的本质作用和增加常水的有益作用得到更为准确的阐释。

"串联法"中建立了"坡面措施减洪指标体系"(冉大川等,2000):首先根据小区观测资料,以小区洪量为统计量,计算出小区不同洪量频率不同雨量级下各项坡面措施减洪指标,建立一套减洪频率曲线(梯、林、草),综合分析小区与流域降水、自然地理、水土流失类型区等因子,消除地区、时段、点面差异后,然后再计算出流域坡面措施减洪指标体系,推算到流域上。因此,流域坡面措施减洪指标体系的建立过程,实质上是解决如何把代表小区减洪指标应用于大面积流域上的过程,实现小区到大流域的转化的问题。这种方法考虑了点面不同系列水文周期性和地区洪量水平的差异，又具有可操作性的点面修正方法，理论性较强，可综合给出历年不同流域坡面措施减洪指标值，改进了传统“水保法”中的人为指定性，取得了一定进展。很多研究者（吴永红等，1998；王宏等，1999，2001；刘斌等，2001）采用该法对黄河流域中游及渭河、北洛河等支流的水土保持措施减水效益进行了分析计算。

“并联法”又叫“改进的成因分析法”（冉大川等，1999，2000）。该法关于减洪量的计算，是在传统模型的基础上加以改进完善，侧重于过程机理的研究，通过对小区资料的地区综合，以流域产洪量和措施减洪量为相关因子，以措施质量分级指标为参变量，采用自然相关法进行相关分析，建立一套减洪指标曲线，通过修正，推广到流域上。该方法根据对各地坡面径流场试验资料的系统整理，结合梯田、林地、草地的减水机理，引入径流、泥沙水平和措施质量概念，分析得出了不同质量的梯田、林地、草地在不同径流、泥沙水平年份的减水指标，形成了一套较为完善的梯田、林地、草地减水指标，在适用范围上有很大拓展。

（三）“水文法”与“水保法”比较

由于水土保持措施蓄水机理的复杂性和地域分异及措施配置的多样性，使得建立合理的减水效益计算方法十分困难。目前，人们广泛采用的“水保法”和“水文法”因其多属于统计相关的经验模型或比较简单的成因法模型，影响了计算成果的准确性和可信度，各家的分析研究成果差别较大（见表 1-4），使人们对水土保持措施减水作用的评价不尽一致。但无论是用“水文法”还是“水保法”分析计算流域水土保持措施的减水作用，都是以流域内观测的水文资料和水保措施的数量等基本资料为依据，其可靠与否直接影响分析结果的可信度，即水土保持减水效益分析的定量化研究要受资料来源、年限、准确性等诸多因素的限制，而与实际有一定的差距。

有关“水文法”与“水保法”的优缺点比较及改进见表 1-8。

表1-8 “水文法”与“水保法”比较

方法	优点	缺点	改进
“水文法”	比较直观、简单,计算也比较方便;在总量控制方面具备“水保法”不能替代的优点	只考虑了降水条件因素,而未考虑下垫面条件的影响;不能预测未来人类活动影响;计算结果偏大	考虑下垫面的变化
“水保法”	能直观了解各项水土保持措施在流域水量变化中的作用;能分析计算现状治理措施的蓄水作用和预测规划治理措施的水量变化趋势和蓄水效益	面上水保措施数量的核实可能使减水效益分析偏大或偏小;小区与大尺度衔接中在减水指标制订和修正上不能排除人为指定性;各项水保措施分项计算后逐项相加难以反映产流过程中的内在联系	采用先进的技术手段提高基础数据的准确性和可信度;进一步积累试验资料,使效益指标及小范围推大面积的修正系数进一步接近实际

由表1-8可见,“水文法”的突出问题是只考虑了降雨条件因素,而未考虑下垫面条件的影响,因此各类水土保持措施真正在减水总量中所占的比例难以确定。另外,对降雨指标的选用和治理期年限的划分等大多带有一定的任意性,这也是影响计算结果可信度的重要方面。因此,“水文法”很难区别方法本身的误差和水土保持措施的拦蓄效益。此外,该方法在建立公式的资料范围内具有可靠精度;但在应用于其他地区或按条件外延时(尤其是预测未来人类活动影响时),其精度难以控制。但“水文法”作为一种基本方法仍应予以肯定,比较直观、简单,计算也比较方便,在总量控制方面它仍然具备“水保法”不能替代的优点,而且这一方法的改进与可信度提高还有很大的潜力。比如,在经验公式法中,如果考虑了下垫面的主要因子,则无疑会提高计算结果的精度和可信度。

“水保法”虽然能直观了解各项水土保持措施在流域水量变化中的作用、能在一定范围内检验分析“水文法”计算结果的合理性、能分析计算现状治理措施的蓄水作用和预测规划治理措施的水量变化趋势和蓄水效益,但以往研究中也存在不少问题:面上水保措施数量的核实可能使减水效益分析偏大或偏小;小区与大尺度衔接中在减水指标制订和修正上不能排除人为指定性;各项水土保持措施分项计算后逐项相加难以反映产流产沙过程中的内在联系等。特别是"串联法",由于该方法是近期提出的一种新方法,目前还不够成熟,仍存在不少问题,譬如"如何建立流域各项措施减洪指标体系",还需在实践中不断完善。虽然"水保法"存在上述问题,但如果加强调查研究,采用先进的技术手段(如遥感等),可提高基础数据的准确性和可信度,再进一步积累试验资料,可使效益指标及小范围推大面积的修正系数进一步接近实际。

关于减水效益,"水文法"计算结果往往大于"水保法"计算结果。这是因为"水文法"是以流域出口处实测资料计算的,其减少量包括流域内所有能对水量起影响作用的下垫面因素,即用该方法计算的人类活动影响量除水土保持措施影响外还有水利工程等的影响量;而"水保法"计算结果是流域内对水量起主要作用的一些水土保持措施的减水量之和。因此,"水文法"计算结果比"水保法"计算结果要大。

综上所述,"水文法"和"水保法"都有其各自的优缺点,但都可改进:首先,在减水效益计算中应分区进行。将计算区划小,可以避免径流产生不均匀和水利水保措施布设不均匀带来的计算误差。同时,"水保法"的计算区应与"水文法"的计算区一致,或者说"水文法"计算区可分解为几个"水保法"计算区;其次,要加强对水利水保措施的拦蓄机理、措施的数量、质量、分布等的调查研究,使减水效益的分析计算建立在可靠的基础上。第三,加强对坡面径流小区的长期观测研究,对水文观测资料的代表性进行论证分析,只有在对流域产流规律进行认真分析的基础上,才能建立可较精确计算减水效益的产流经验模型。

1.3.4 密云水库以上的潮白河流域以往的相关研究

虽然密云水库在北京水资源利用中居于特殊地位,在其周围及以上流域也开展了很多水土保持工作,但该流域在水土保持措施对水资源的影响方面的研究并不多。仅有的少数研究主要集中在以下两个方面。

(一) 密云水库流域水保林对水资源的影响研究

刘世海等(2003)对三种类型人工水源保护林降水再分配特征进行了

研究;Zhang *et al*.(1998)通过小流域对比试验研究了水保林在小流域尺度上对产流的影响,结果表明,森林流域可减少洪水总量36.7%,削减洪峰流量达37.3%;秦永胜等(2001)对比研究了水源保护林和对照荒坡地在坡面尺度和小流域尺度上对径流的影响,研究表明在这两种尺度上荒坡地径流系数都显著地大于水源保护林地,而且随着研究尺度从坡面到小流域的扩展,荒地径流系数显著增大,而水源保护林地的径流系数变化微小,这一尺度效应说明水源保护林对水文过程具有较大的调蓄能力;冯秀兰等(1998)对密云水库上游水保林的水土保持效益进行了定量研究,研究表明与无林荒地相比,在50年一遇场暴雨情况下,有林地可使地表径流减少38.8%。

(二)密云水库石匣小流域水土保持措施对水资源的影响研究

刘振国等(2000)通过径流小区观测资料对石匣小流域的水土流失规律进行了研究,结论为:水平条中土埂的存在对水土保持有重要作用,有土埂时,径流可减少35%~45%;在16°左右坡地修建工程措施(水平条、鱼鳞坑)比开荒减少地表径流75%;在3°左右坡地修建梯田(宽4 m),蓄水可达53%。蔡新广(2004)通过石匣小流域径流小区的降雨径流资料,分析不同水土保持措施对径流的影响和蓄水效益,研究结果表明:合适的整地造林措施能有效地拦蓄降雨;水平条中土埂可减少径流20%~45%;水平条与鱼鳞坑的水保效益相当;在16°左右坡地采取水保措施(水平条、鱼鳞坑造林)比开荒减少地表径流77.7%~92.1%;在4°左右坡地修梯田比坡耕地减少地表径流54.2%。

上述研究都是通过坡面径流小区观测或小流域对比试验的方法来研究小区或小流域尺度上某种单项水保措施对水资源的影响。但针对于密云水库以上中大尺度流域的水土保持综合措施对水资源影响的相关研究尚未见到。

1.4 研究内容与方法

1.4.1 研究目标

通过对潮河流域水文特征及其变化趋势进行初步研究，系统地分析引起流域径流变化的主要气候变化因素和土地覆被变化、蓄水工程发展、水资源利用等人类活动因素，定量评估该流域水土保持措施对年径流量的影响程度，模拟不同水土保持措施配置方案对流域径流量的可能影响，拟为流域生态建设策略的合理调整和水资源的高效利用及合理调控提供科学依据。

1.4.2 研究内容

(1) 分析流域土地利用/覆被变化规律，探讨土地利用/覆被变化的驱动力机制。

(2) 研究流域45年(1961—2005年)来水文特征及其变化趋势。

(3) 分析流域45年(1961—2005年)来气候变化因素(降水、气温)和人类活动因素(水利化程度、用水量状况、水土保持措施)的特征及其变化趋势。

(4) 评估流域45年(1961—2005年)来水利水土保持措施对流域年径流量的影响程度。

(5) 建立不同的水土保持措施配置方案，预测不同水土保持措施配置方案下流域年径流量的变化情况，为流域综合治理提供政策启示。

1.4.3 研究方法

1. 基于降水-径流统计模型的“水文法”

通过建立潮河流域降水-径流经验统计模型来定量评估水利水土保持措施对流域年径流量变化的影响程度；采用“经验公式法”、“径流系数还原法"、"不同系列对比法"、"双累积曲线法"这四种方法来分析并相互验证潮河流域水土保持措施的减水效应。

2. 基于坡面径流小区试验的"水保法"

通过对冀北山地内的坡面径流小区观测资料进行整理分析，总结径流小区的产流规律，建立小区坡面措施减水量和流域坡面措施减水量之间的关系，评估潮河流域各项水土保持措施对流域年径流量的影响程度。

1.4.4 研究思路与技术路线

本研究的整体思路是：首先借助GIS工具，基于潮河流域20世纪80年代中后期、1995年和2000年三期土地覆被数据，研究流域土地利用/覆被的时空变化特征和变化规律，探讨土地利用/覆被变化的驱动力机制，阐明土地利用和土地覆被格局与其社会和自然驱动力之间的因果关系，为研究该流域水土保持生态建设的水文水资源效应奠定基础；利用时间序列对比法对流域1961—2005年间的年径流特征及其变化趋势进行初步分析，系统地分析引起流域径流变化的主要气候变化因素（降水、气温）和蓄水工程发展、水资源利用、水土保持措施变化等人类活动因素的特征及其变化趋势，为定量评估流域水土保持措施对年径流量的影响程度奠定基础；然后运用双累积曲线法对流域1961—2005年间的年径流量变化进行阶段划分，并对水利水土保持措施的变化与流域年径流量的变化过程的耦合关系进行分析，进一步确定受人类活动影响相对较小的基准期和水利水保工程措施显著生效的措施期。在此基础上，建立降水-径流经验统计模型来定量评估水利水土保持措施对流域年径流量的影响；利用坡面径流小区观测资料，进一步评估各项水土保持措施在不同降水条件下对流域年径流量的影响程度。最后，利用"水保法"来预测评估不同水土保持措施配置方案，在不同降水条件下对流域年径流量的可能影响。

本研究的总体技术路线为：建立数据库→流域土地利用/覆被动态变化及其驱动力分析→45年来流域降水、径流、水利水土保持措施变化趋势分析→构建流域降水-径流经验统计模型，利用坡面径流小区观测资料确定水土保持坡面措施减水定额→定量评估潮河流域水土保持措施对年径流量的影响→不同水土保持措施配置方案对流域年径流量的影响（图1-2）。

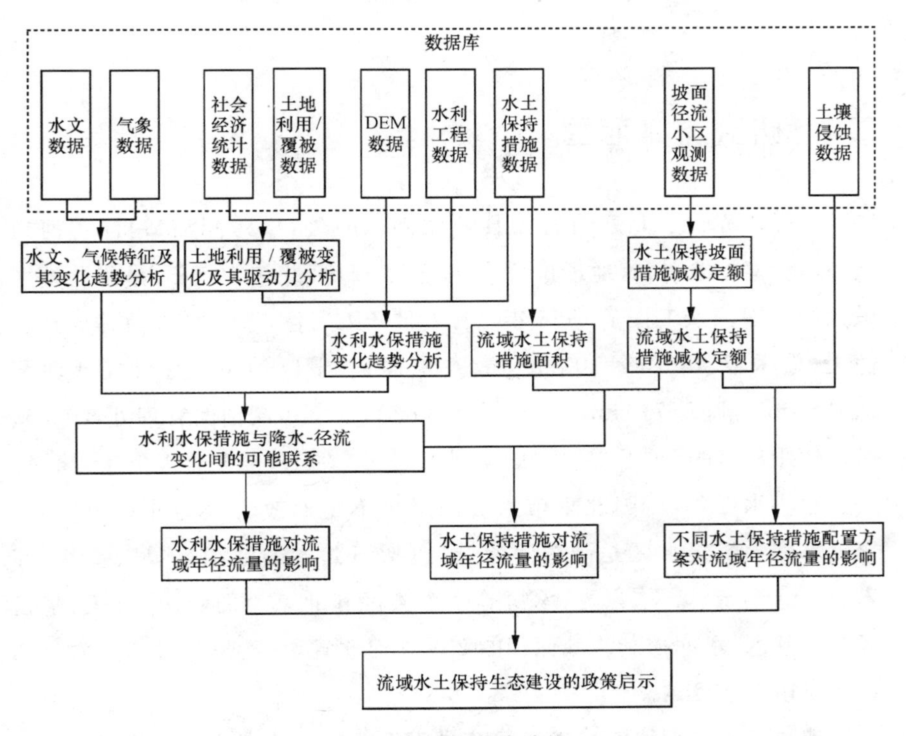

图 1-2　研究技术路线

第2章　研究流域概况

2.1　研究流域范围

密云水库位于北京市密云县城北 14 km 处，横跨潮河、白河主河道上，距首都约 100 km，地理位置为东经 116°50′、北纬 40°28′，是华北地区最大的水库。该工程于 1958 年 9 月 1 日开工兴建，1960 年 9 月建成投入使用，总库容 43.75×10^8 m^3，最大水面面积 188 km^2，控制流域面积 15 788 km^2（潮河 6716 km^2，白河 9072 km^2）（北京市潮白河管理处，2004）。投入使用后，除担负下游地区的防洪任务外，在 1984 年前担负京、津、冀三省市供水任务，后因北京市水资源严重不足而改为只向北京市供水。密云水库上游集水区是潮白河流域，包括河北省的沽源、赤城、崇礼、怀来、宣化、丰宁、滦平、兴隆、承德等 9 个县区和北京市的延庆、怀柔、密云等 3 个县区，水库控制流域面积的 2/3 在河北省承德、张家口辖区内，1/3 在北京市行政区内。

本研究中的潮河流域指潮河流域密云水库以上的部分（不包括牤牛河、安达木河和清水河等二级支流）（以下简称潮河流域），地理位置东经 116°10′～117°35′、北纬 40°35′～41°37′，总面积 4875.25 km^2，占整个密云水库以上集水流域面积 15 788 km^2 的 31%。研究区域涉及到河北省的丰宁满族自治县 11 个乡镇、滦平县 11 个乡镇以及北京市密云县的一部分，其中丰宁和滦平两县境内潮河流域面积占整个研究区域面积的 98.17%（表 2-1，图 2-1，彩图 1）。由于密云县在本文所研究的潮河流域内的面积很小，仅占流域总面积的 1.83%，对密云水库年来水量的影响较小，因而本研究主要选择丰宁县、滦平县两县内的潮河流域作为研究区域进行分析研究。

表 2-1 潮河流域行政区域面积

所属省(市)	行政县	所辖乡镇	面积/km^2	占流域面积的比例/(%)	占县面积的比例/(%)
河北省	丰宁	小坝子乡、黄旗镇、土城镇、窟窿山乡、五道营乡、大阁镇、南关蒙古族乡、胡麻营乡、石人沟乡、黑山嘴镇、天桥镇	3359.80	68.92	38.33
	滦平	五道营子满族乡、虎什哈镇、邓厂满族乡、马营子满族乡、巴克什营镇、付家店满族乡、火斗山乡、安纯沟门满族乡、平坊满族乡、两间房乡、涝洼乡	1426.10	29.25	44.39
北京市	密云		89.35	1.83	4.01
		流域面积	4875.25	100.00	

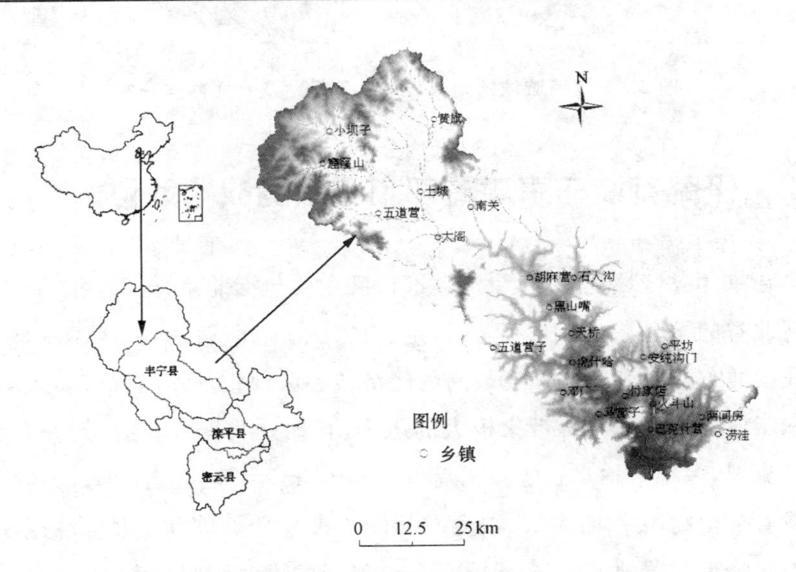

图 2-1 潮河流域的位置

流域内设有 14 个雨量站和 3 个水文站，出口控制站为下会站(图 2-2，彩图 2)。

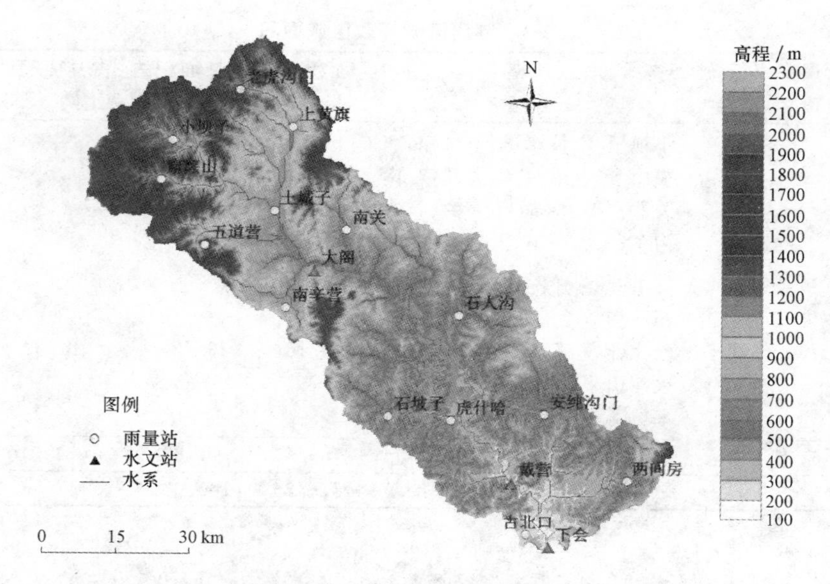

图 2-2 潮河流域的地形、水系、雨量站及水文站点分布

2.2 研究流域在京津冀都市圈中的战略地位

在京津冀区域规划中，京津冀都市圈主要包括北京、天津两个直辖市和河北省的秦皇岛、唐山、廊坊、保定、石家庄、沧州、张家口、承德 8 地市，是我国北方最大和发展程度最高的经济核心区(封志明等，2006)，人口聚集和工业发展给水资源带来极大的压力，且地处我国水资源最为短缺的海河流域，多年平均水资源量只有 $370\times10^{8}\ m^{3}$，不足全国的 1.3%，但却承载着全国约 10%的人口、粮食和 GDP(陈志恺，2000)。水资源短缺已成为影响京津冀地区经济、社会可持续发展的主要制约因素。

控制密云水库流域面积 2/3 的张家口、承德地区，紧邻京津且位于其上风上水方向，既是京津冀都市圈的重要组成部分，也是京津的重要水源地和沙源地。张承地区不但是密云水库的水源地，也是官厅水库和潘家口水库的水源地：官厅水库 97%的水源来自张家口市辖区(张云，2006)，潘家口水库 85.6%的流域面积在承德市辖区(宋秀清，2006)，该区也是内蒙古风沙南侵进入京津的必经之地(封志明等,2006;宋秀清,2006)。因此,张承地区的水土保持状况、森林植被覆盖状况、水源涵养能力的大小等等,直接影响到京津两市的生态与环境、水资源可使用量以及经济可持续发展。从防风固沙、保护水源意义上讲,张承地区是京津的重要绿色生态屏障。目前的京津冀地区,出于种种原因,周边地区的水资源都是优先保证地区核心城市的使用,这也就造成了水源地与用水地之间的一些矛盾。

2.3 研究流域的自然地理概况

2.3.1 地貌特征

潮河流域北接内蒙古高原(俗称坝上),南邻华北平原,燕山山脉横贯流域南部。由于地壳运动和长期风雨的侵蚀等外力作用,使潮河流域地表形成了山峦起伏、断裂纵横、岭谷相间的地貌景观,山地面积占总面积的80%。河流发育成树枝状格局,走向与山脉的走向相一致。整个流域地势自西北向东南倾斜,海拔自1500 m降至150 m,山体坡度多在15°~40°之间。地貌类型包括中山、低山、丘陵和谷地,差异很大。山体主要由花岗岩、片麻岩、砂砾岩和石灰岩组成,岩体风化较为严重,表层土壤瘠薄。潮河上游有较厚的黄土覆盖,沟壑发育,水土流失严重(丰宁满族自治县志编纂委员会,1994;河北省滦平县地方志编纂委员会,1997)。

整个流域由北向南大体上分为:土石山区,包括北起丰宁的窟窿山乡、小坝子乡、黄旗镇一线,南至滦平县的虎什哈镇一线;石质山区,北与土石山区相接,南至密云县高领镇的下会一线的区域(海河流域水土保持监测中心站,2003)。

2.3.2 气候特征

潮河流域气候类型属于中温带向暖温带过渡、半干旱向半湿润过渡的大陆性季风气候，具有四季分明、干湿显著、雨热同季的特点。春季短，气温回升快，干旱少雨；夏季受太平洋副热带高压影响，炎热多雷阵雨；秋季天高气爽，昼夜温差大，气温下降迅速；冬季受西伯利亚气团控制，气候寒冷干燥（丰宁满族自治县志编纂委员会，1994；河北省滦平县地方志编纂委员会，1997）。

流域多年平均气温7.3～10.3 ℃。南北气温相差较大，最北端的丰宁县坝下山地区多年平均气温为6.2 ℃，最南端的密云县多年平均气温则为10.5 ℃。年日照时数2716～2847 h，无霜期130～153 d(天)。

流域多年平均降水量约494 mm。降水量在年内分布极不均匀，多集中在汛期（6—9月），约占年降水量的80%；年际间变化也很大，多雨年与少雨年之比约为2.1∶1；降雨量分布特点是自东南向西北随地形抬升而逐渐减少。流域内暴雨次数较多，5—9月为暴雨多发季节，历时短，强度大，常造成严重的灾害和剧烈的土壤侵蚀。由于受生态恶化的影响，近年来常有大暴雨洪水及泥石流发生。流域内径流随降水条件而变，多年平均径流深由北向南递增，最大径流量主要集中在7月下旬至8月中旬，7—10月径流量占年径流总量的73.6%。流域内中小流域洪水具有陡涨陡落、峰高量大的特点。

受气候条件的制约，加上雨热同期，潮河流域适合于种植一年一熟制作物，如玉米、稻谷、高粱、谷子、莜麦等。

2.3.3 水系概况

潮河古称鲍丘水、大榆河，发源于河北省丰宁县黄旗镇北的哈拉海湾村，流经丰宁县中部、滦平县西部，在密云县的古北口镇入密云县界，在下会附近注入密云水库，总面积6716 km²。潮河上的主要支流有安达木河和小汤河两条。另外还有两条属于潮河水系的支流，其中一条是直接流入密云水库的牤牛河，另一条是流经兴隆县和密云县直接流入密云水库的清水河（滦平县水利志编委会，1993；丰宁满族自治县水利水保局，1995）。

2.3.4 土壤状况

潮河流域内有三种土类，以棕壤和褐土分布最广，占总面积的80%以上，其次为草甸土（丰宁满族自治县志编纂委员会，1994；河北省滦平县地方志编纂委员会，1997）。土壤矿物质含量较为丰富，有机质含量为1%～5%。由于地形地貌的多样化，导致土层厚度悬殊，瘠薄层仅几厘米，耕地土层厚度多在30 cm以上。流域内大部分地区土石混杂。

棕壤主要分布在海拔较高的山地，土层厚度一般不超过1 m，养分含量高，有机质含量在3%～8%之间，适于发展林、牧业生产。因草被较厚，尤其是山地阴坡，淋溶作用较强，对降水和地表径流有较好的调节作用，土壤侵蚀不很严重。但由于长期以来森林植被遭到破坏，水土流失，使土层变薄，部分山地岩石裸露，土壤侵蚀正在加剧。褐土主要是淋溶褐土和褐土性土，分布在山麓和坡脚，多为耕作土壤，绝大部分已被垦殖，过去自然植被以落叶阔叶林和旱中生、灌丛草类为主，目前以酸枣、荆条为其重要标志。该类土壤的有机质含量为1%左右，犁底层厚10～30 cm不等，由于植被破坏，土壤淋溶作用不强，对降水和地表径流作用差，水土流失较为严重。草甸土主要分布在潮河两岸谷地，质地适中，通透性好，有机质含量1.5%～2.5%，适宜稻谷栽植和建设基本农田（密云水库上游水土资源保护领导小组办公室等，1989；中国环境科学研究院等，1988）。

2.3.5 植被状况

本流域处于华北针阔叶混交林为主体的植被带内，因冀北地势与气候差异较大，植被类型丰富，具有明显的水平地带性和垂直地带性分布特征，可分为4个植被带（丰宁满族自治县志编纂委员会，1994；河北省滦平县地方志编纂委员会，1997）：山地草甸植被，分布在海拔1700 m左右的高原区和中山顶部，多生长苔草属、萎陵菜属植物，覆盖度达80%左右；针阔叶混交林、灌木和草本植被带，自北向南分布，在海拔600～1000 m以上的山地，乔木为栎、桦、山杨、落叶松等，灌木有胡枝子、映山红等，草本多为茅草、百合、羊胡子草。旱生阔叶林、灌木和草本植被带，分布在海拔 600 m 以下的低山、丘陵地带，乔木以杨、柳、槐为主，灌木以山杏、酸枣、荆条见长，草本为蒿属、白草、黄背草等；草甸植被带，分布在河谷地带，主要有车前子、茴茴菜、狼尾草等。流域内人工林以杨树、榆树、刺槐、落叶松及板栗、山楂等为主。地势较平缓的地方，已垦为农田，农作物的主要品种为玉米、谷子、稻谷、莜麦等，或人工栽植苹果、红果、杏等经济林。流域内林草覆盖度达 40%。

2.3.6 土地资源与利用状况

潮河流域土地利用类型结构大致为“八山一水一分田”，各类农业生产等经济开发和建设，大多集中在海拔 800 m 以下范围，主要有梯田、河滩耕地、坡面林地和草地，以及城镇、村庄、公路和河流等。

2000 年流域内共有耕地面积 34 453.85 hm^2，占土地总面积的 7.2%，其中：坡度<5°的耕地有 14 870.87 hm^2，占耕地总面积的 43.16%；5°～15°的耕地有 9652.56 hm^2，占 28.02%；15°～25°的耕地有 7911.5 hm^2，占 22.96%；25°～35°的耕地有 1825.92 hm^2，占 5.3%；>35°的耕地有 193 hm^2，占 0.56%。

流域内土地利用以林地为主，其次为耕地，牧草地面积极少且以天然的为主(表 2-2)。

表 2-2 潮河流域土地利用结构 单位：hm^2

年份	耕地	园地	林地	牧草地	城镇、工矿、交通用地	水域	未利用土地
1990	41 453	7673	301 900	3173	9353	8387	122 920
1996	42 387	8073	326 680	3160	9587	8380	97 593

数据来源：丰宁县、滦平县土地管理局 1990 年、1996 年土地详查资料。

综上所述，潮河流域内耕地质量总体水平较低，山地多，平地少。耕地大部分分布在山坡和沟谷两侧，其中平地不足 1/2。由于耕地坡度较大，集中连片的极少，不利于规模经营，且极易受洪水威胁，生产能力低而不稳。2005 年流域内水田和水浇地约占耕地总量的 51.3%，其余为旱地，靠天吃饭。土壤养分含量较低，约70%属中低产田，由于重化肥轻有机肥投入，部分耕地质量呈现恶化趋势。人多地少，耕地面积减少过快，人地矛盾日益突出。2005年流域内共有耕地27 055.2 hm^2（河北省滦平县统计局，2006；河北省丰宁县统计局，2006），占土地总面积的5.65%，较2000年减少21.47%，人均耕地面积1.26亩。尤其是滦平县内的潮河流域，人均耕地面积仅为0.71亩，人地矛盾尖锐。

2.4 研究流域的社会经济概况

2.4.1 人口状况

潮河流域2005年总人口32.28万人（河北省滦平县统计局，2006；河北省丰宁县统计局，2006），占两县总人口的45.16%，比1961年增长了1.69倍，人口密度为68人/km^2。农业人口为24.63万人，占流域总人口的76.3%；非农业人口占总人口的比例由1961年的4.03%增长到2005年的23.69%，增长速度较快。农业人口仍然是主体。潮河流域总人口在1976年以前增长较快，此后由于实行计划生育政策，人口呈缓慢增长趋势（图2-3）。

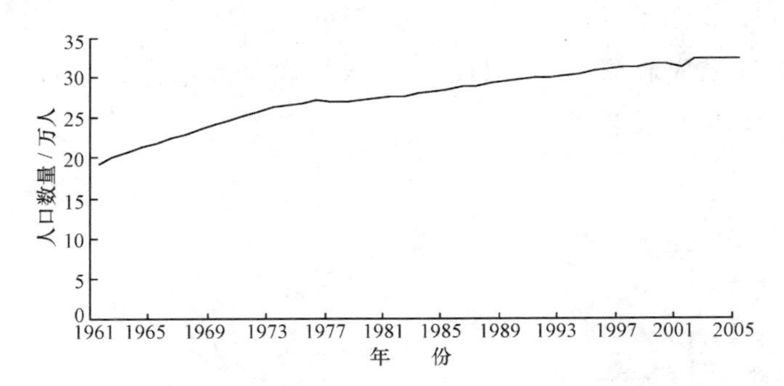

图2-3 潮河流域总人口变化

2.4.2 经济发展状况

潮河流域经济状况落后，社会生产力低下，经济发展水平较低，丰宁县和滦平县目前仍是国家级贫困县，是典型的农业县。农业结构以粮食种植为主，种植结构比较单一，主要的粮食作物有玉米、稻谷、谷子、高粱、小麦、大豆、薯类等，经济类作物有花生、芝麻、胡麻、向日葵、烟草等。种植业复种指数较低，管理粗放，没有形成集约经济；牧业上以养牛、羊为主，规模较小，养殖技术落后；林业上收入甚微，主要是出售少量干、鲜果品。作为京津水源地，长期以来限制其发展污染工业，工业基础相对薄弱，目前尚没有大中型骨干企业作为支柱，仅有一些中小规模的采矿业和加工业，主要是黑色金属采选、冶炼及压延加工业。

农业受气温低、无霜期短、土层薄、旱涝灾害频繁等自然环境条件的影响，再加上坡耕地多、土壤质地较差，50%旱耕地耕作粗放使得地力下降，影响了农业发展；林业利用率较低，经济效益差；种植业、林业、牧业的生产长期在低水平徘徊。农业生产总值1980年以前增长缓慢，1990年以后有了大幅度增长（图2-4）。2005年两县农业总产值28.44亿元（河北省统计局，2006），人均农业生产总值为4849.45元，其中潮河流域农业总产值11.72亿元（河北省滦平县统计局，2006；河北省丰宁县统计局，2006），占两县农业总产值的41.22%，人均农业生产总值为4759.18元，略低于两县平均水平。

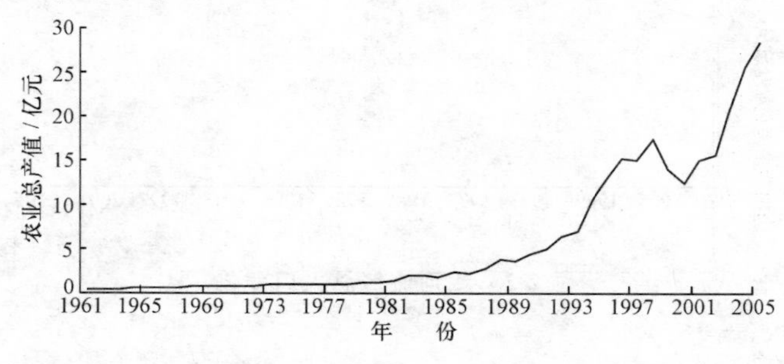

注：当年价格。

图2-4 丰宁县和滦平县农业总产值变化

1980 年后农民人均纯收入也有大幅增长，但 1998 年后呈下降趋势（图 2-5）。2005 年两县农民人均纯收入为 2251 元（河北省统计局，2006），其中潮河流域农民人均纯收入为 1555 元（河北省滦平县统计局，2006；河北省丰宁县统计局，2006），低于两县平均水平，更远低于 3255 元/人的当年全国平均水平。

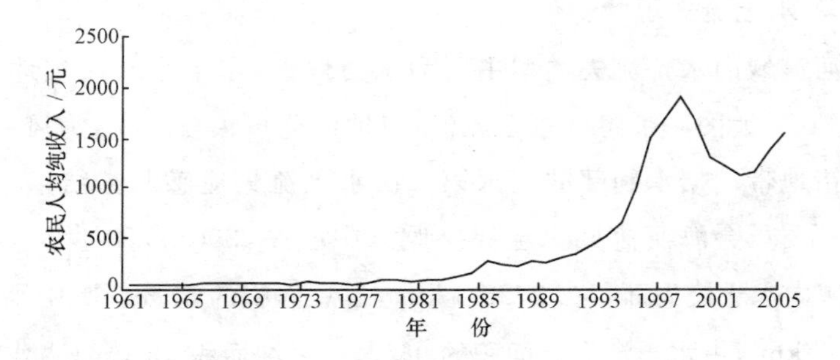

注：当年价格。

图 2-5 潮河流域农民人均纯收入变化

国民经济近年来有了很大发展，人民生活水平逐年提高，但总体水平较低（图 2-6）。2005 年两县国内生产总值为 59.81 亿元（河北省统计局，2006），人均 8367.7 元。在地区生产总值中：第一产业所占比例较小，为 26.87%；第二产业占 42.31%，虽然增长较快，但发展不平衡，主要依赖少数两三个乡镇铁矿采选业的发展；第三产业占 30.82%，所占比例虽然较第一产业大，但增长迟缓，主要以农民外出打工为主。

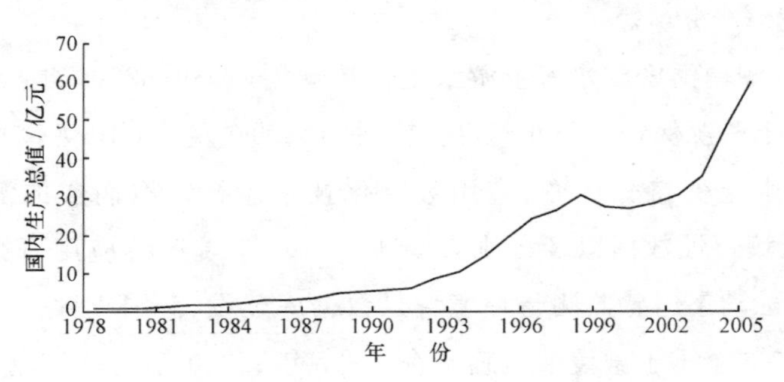

注：当年价格。

图 2-6 丰宁县和滦平县国内生产总值变化

2.5 研究流域的水土流失和水土保持状况

2.5.1 流域水土流失状况

(一) 水土流失现状

潮河流域内水土流失类型主要为水力侵蚀，但丰宁县接坝地区即小坝子、土城至大阁一带冬春季多风沙，风蚀沙化现象较严重，为风力、水力侵蚀交错地带。据水利部的全国第二次水土流失遥感调查结果（水利部海河水利委员会海河流域水土保持监测中心站，2003），20 世纪 90 年代末期流域内水土流失面积为 2726.1 km^2，占总面积的 57%。其中水蚀面积为 2676.1 km^2，占水土流失总面积的 98.2%；风蚀面积 50 km^2，占水土流失总面积的 1.8%。在上述水土流失总面积中，其轻度侵蚀面积 1399.3 km^2，占总侵蚀面积的 51.3%；中度侵蚀面积 807.6 km^2，占总侵蚀面积的 29.6%；强度侵蚀面积 471 km^2，占总侵蚀面积的 17.3%；极强度侵蚀面积 48.2 km^2，占总侵蚀面积的 1.8%。年均侵蚀总量 1369×10^4 t，侵蚀模数为 5021.8 t/(km^2 · a)（密云水库上游水土资源保护领导小组办公室等，1989）。近几年在“21 世纪初期首都水资源可持续利用规划项目”的资助下，水土流失治理面积有所增加。截至 2005 年底，流域内水土流失面积达 2261.5 km^2。

根据《潮白河密云水库上游水土保持规划（1989—2000 年）》（密云水库上游水土资源保护领导小组办公室等，1989）中的 1∶10 万潮白河密云水库上游水土保持分区图，应用数字化技术进行提取而成的潮河流域 1990 年土壤侵蚀数据以及分别来源于中国科学院遥感应用研究所的全国土壤侵蚀动态遥感监测与环境背景数据库建设、全国土壤侵蚀遥感调查（或第二次全国土壤侵蚀遥感调查）1995 年、2000 年的潮河流域 1∶10 万土壤侵蚀数据（图 2-7，彩图 3），潮河流域强度以上的土壤侵蚀，主要发生在潮河上游河谷阶地黄土覆盖区。该区黄土状土壤，多呈棱柱结构，垂

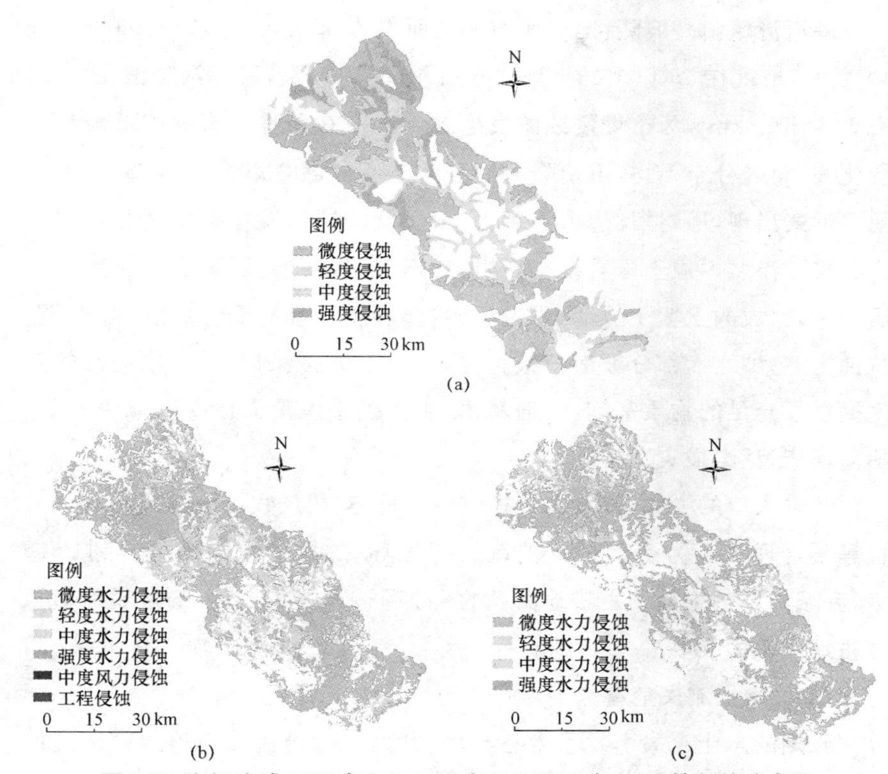

图 2-7 潮河流域 1990 年(a)、1995 年(b)、2000 年(c)土壤侵蚀分布图

直节理发育,崩解力强,质地均一,粉粒结构抗蚀性差,厚度从几米到几十米。由于长期侵蚀的结果,切沟纵横,沟岸直立,遇有暴雨即发生坍塌,不断延伸展宽,造成严重的沟蚀。坡耕地面蚀也极严重,一般 10°～25°黄土耕地,年侵蚀量 8000～15 000 t/km^2(密云水库上游水土资源保护领导小组办公室等,1989)。上游深山区一般林木茂密,草木丛生,植被和水土保持较好;浅山丘陵地带多为光山秃岭,土坡、岩石裸露,水土流失现象严重。

(二) 水土流失成因

造成上述土壤侵蚀发生发展的原因,主要是受地形、降雨、成土母质等自然因素和人为因素的影响(丰宁满族自治县水利水保局,1989;滦平县水土保持局,1989)。

潮河流域山高坡陡,山地面积占总面积的80%,山体坡度多在15°～40°之间,坡度在15°以上的土地面积占总面积的67.75%,沟壑密度大,约为1.51 km/km²,为土壤侵蚀的发生提供了潜在条件。流域内降雨年际变化大,年内分布不均,汛期降雨量占全年降水量的70%～80%,且多以暴雨形式出现,历时短、降雨强度大,为土壤侵蚀的发生提供了足够的动力源泉。流域内成土母质以花岗岩、片麻岩、砂页岩、石灰岩及黄土状物质为主,生成的土壤土层薄,质地偏砂,多含粗砂和砾石,风化破碎严重,抗蚀力差;加之大部分坡面植被稀疏,使表土失去保护,为土壤侵蚀的发生提供了充足的物质基础,一遇暴雨,洪水携带大量泥沙碎石倾山而下,抬高河床,泛滥成灾。

随着人口的增加,流域内毁林(草)开荒、超载放牧、乱砍滥伐、陡坡垦植等不合理的人为活动对植被造成了破坏,加剧了水土流失。到2005年,流域内坡耕地面积占耕地面积的48.7%,其中25°以上的坡耕地面积占耕地面积的8.3%。

(三) 水土流失危害

长期的水土流失引发了生态与环境的恶化,给流域当地及下游地区造成了较为严重的影响和危害。

严重的土壤侵蚀使耕地、荒坡的表土层及其中富含的氮、磷、钾等有机质大量流失,不仅破坏土地生产力,还污染了水质,影响到当地及下游地区的水资源安全。流域每年流失掉的土壤相当于同时流失掉氮、磷、钾肥2.4×10^4 t,相当于年化肥施用量的4倍(丰宁满族自治县水利水保局,1989;滦平县水土保持局,1989)。潮河流域属土石山区,土层薄、土壤砂砾含量大,水土流失极易造成土壤粗骨化,导致土壤持水能力低,易形成山洪和泥石流灾害,淤积下游河道水库。潮河流域淤积库容已达到总库容量的18.58%。通过对潮河入密云水库控制站下会站45年的水文资料分析,多年平均年进入密云水库的泥沙量为90.8×10^4 t/a。水土流失还造成地下水位下降、地表水断流、人畜饮水十分困难,养殖、种植业难以发展。

(四) 水土流失发展趋势

清代以前,潮河流域植被状况良好,至清道光年间,古木参天还到处可见。自清同治年间,围场开围以来,潮河流域植被开始被破坏。特别是清末、民国时期至建国前,由于清政府的腐败及军阀连年征战、日伪统治时期的“三光”政策,烧山毁林,使流域内植被遭受严重破坏,导致水土流失越来越严重(滦平县水利志编委会,1993;丰宁满族自治县水利水保局,1995)。1980 年以后,大规模的水土保持虽一定程度上减缓了水土流失大面积恶化趋势,但潮河源头等局部地区水土流失依然严重。

2.5.2 流域水土保持状况

(一) 水土保持的发展过程

潮河流域水土保持,大致经历了 20 世纪 50 年代的治山、治川,60—70 年代的治川,80 年代以后的小流域综合治理三个阶段(滦平县水利志编委会,1993;丰宁满族自治县水利水保局,1995)。

新中国成立后,由于潮河流域山多、林木稀少、沟多、河多,每当山洪暴发,山地水土大量流失。丰宁县、滦平县人民政府为改变不利的生产条件,从 50 年代初就开始采取植树造林、封山育林、闸山沟(修谷坊)、修梯田等水土保持措施进行水土流失治理。

60 年代本着以“治川”为宗旨,大修蓄水工程,但由于设计标准低、修建质量差,大部分“小水库”被山洪冲毁或淤平。

70 年代在大修蓄水工程的同时,还进行了改河造田、闸沟造田、修梯田等农田基本建设。但是,长期以来,潮河流域水土保持重治川、轻治山,重工程措施、轻植物措施,致使流域 90%以上的山地水土流失仍比较严重,川上的工程安全也无保障。

进入 20 世纪 80 年代,流域水土保持转入以小流域为单元综合治理阶段。1989 年前,以点片治理为主,部分县、乡断断续续从事造林和水土保持耕作以及修梯田等措施,进行了水土保持小流域试点治理。1989—2000 年期间,水利部建立了潮河流域密云水库上游国家级水土保持重点治理区，有计划、有组织地对潮河流域进行综合治理；林业部“退耕还林还草”政策从1998年开始推行；“京津风沙源治理工程水土保持”项目从2000年起开始启动；自2001年起，国家正式启动了“21世纪初期首都水资源可持续利用规划”项目，对密云水库上游水土流失进行系统监测和重点治理。这些工程使得潮河流域水土保持措施的面积大大增加。

(二) 水土保持现状

50多年来，潮河流域的水土保持工作取得了显著的成绩。截至2005年底，流域内累计实施人工水土保持综合治理面积为5783.33 km^2（包括重复治理的面积），累计保存下来的水土保持措施面积为2735.69 km^2（不包括天然林地面积）。这些水土保持措施主要是造林、修水平梯田、建谷坊、挖鱼鳞坑、封育治理等。在保存下来的水土保持措施面积中，造林267 846.67 hm^2，修筑水平梯田5726.67 hm^2。仅2001—2005年的“21世纪初期首都水资源可持续利用规划”就有水土保持措施面积374.87 km^2，其中：造林24 466.67 hm^2，修筑水平梯田2846.67 hm^2，修建谷坊5788道，挖鱼鳞坑691万个，进行封育治理8933.33 hm^2。流域内的这些水土保持工程，在防治土壤侵蚀、减少密云水库的入库泥沙等方面，发挥了重要作用。

(三) 水土保持治理成效与存在的主要问题

1. 治理成效

(1) 水土流失减轻

根据全国第一次（20世纪80年代初期）和第二次（20世纪90年代末期）两次水土流失遥感调查结果（表2-3），流域水土流失总面积减少。潮河流域第一次水土流失遥感调查水土流失面积为3504.6 km^2，占流域总面积的73.2%；第二次水土流失遥感调查水土流失面积为2726.1 km^2，占流域总面积的57%。第二次比第一次减少水土流失面积778.5 km^2，减少22.2%。自1984年至1999年的15年内，全流域平均每年减少水土流失面积51.9 km^2。

表 2-3 潮河流域水土流失面积分级

年份	总面积/km²	水土流失面积/km²	侵蚀面积分级/km²				
			微度	轻度	中度	强度	极强
1984	4785.9	3504.6	1167.9	1110.7	1199.2	840.9	353.8
1999	4785.9	2726.1	2055.6	1399.3	807.6	471	48.2

数据来源：丰宁县水务局、滦平县水务局根据河北省遥感解译资料进行统计后的数据。

从两次水土流失遥感调查结果来看，流域中度及强度以上水土流失面积减少。全流域强度以上侵蚀面积由20世纪80年代初的1194.7 km²减少到90年代末的519.2 km²，第二次调查面积比第一次调查面积减少675.5 km²；中度以上侵蚀面积由80年代初的2393.9 km²减少到90年代末的1326.8 km²，减少了1067.1 km²（图2-8）。

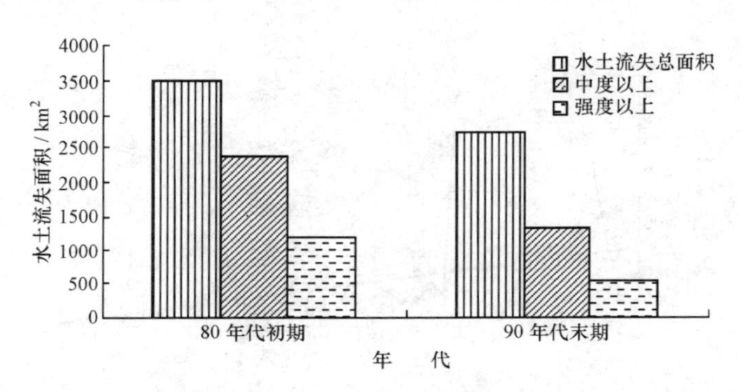

图 2-8 潮河流域水土流失面积变化

上述水土流失遥感调查结果，在一定程度上说明潮河流域的水土流失状况有所好转。这与流域历年来的水土保持综合治理有着直接关系。

河道是地表水沙运移过程的主要通道，河流观测断面输沙量的变化与上游地区侵蚀产沙密切相关，在一定程度上可反映上游地区水土流失的基本状况和水土保持的实际效果。

为了反映潮河流域土壤侵蚀变化状况，利用潮河干流下会水文站1961—2005年的泥沙观测资料，点绘了该站近45年来的输沙量变化曲线（图2-9）。由图2-9可见，潮河干流的泥沙输移量呈下降趋势，这在一定程度上说明潮河流域水土流失的整体状况趋于好转。

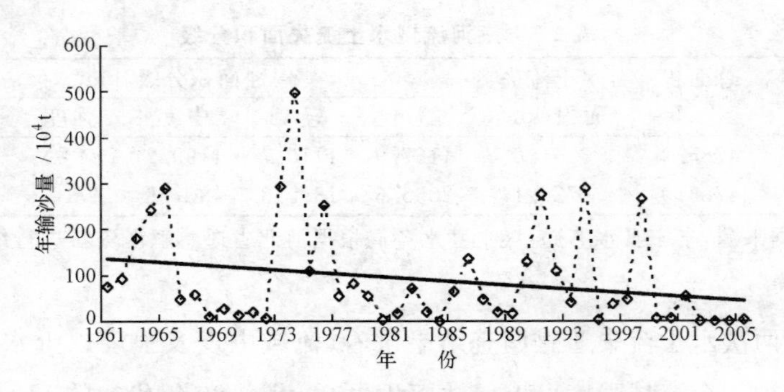

图 2-9 潮河干流下会站年输沙量随时间的变化

密云水库泥沙淤积近年来也有所减缓(图 2-10),也说明了流域内的水土保持在防治土壤侵蚀、减少密云水库的入库泥沙等方面发挥了一定作用。

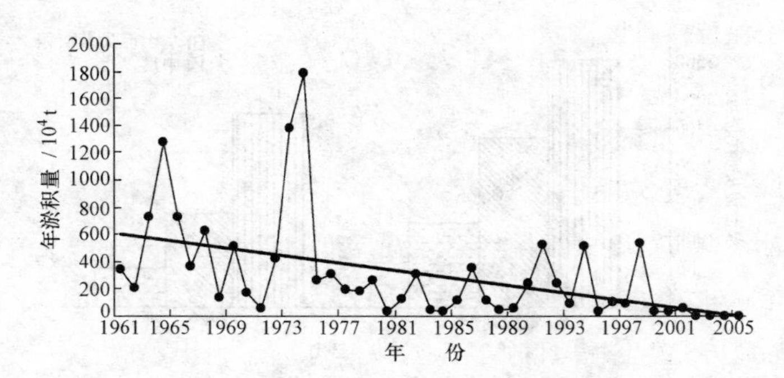

图 2-10 密云水库年淤积量随时间的变化

(2) 生态环境改善

通过实施“退耕还林”、“京津风沙源治理”、“德援造林”、“日援造林”等重点生态建设项目,潮河流域森林覆盖率达到 40%。特别是通过实施“潮河上游水土保持重点防治”及“21 世纪初期首都水资源可持续利用规划”等水土保持项目,累计完成重点小流域治理面积 880 km^2,小流域内林草植被覆盖率达 70%以上,拦泥减沙效益平均达到 70%以上(丰宁满族自治县水务局,2005);实施禁牧舍饲措施,累计减压山羊马匹 18 万个羊单位;推广使用液化气、家用电器、燃煤等取代樵采,年减少灌木樵采 3.2 $\times 10^4$ t(丰宁满族自治县水务局,2005;中共滦平县委、滦平县人民政府,

2006)。

潮河流域农业灌溉用水量占总用水量的91%。为保证北京市的用水需求，通过“21世纪初期首都水资源可持续利用规划”中农业节水项目的实施，建设潮河流域节水灌溉面积1.76×10^4 hm^2；通过“稻改旱”压缩水稻种植面积3800 hm^2；据当地水利部门估算，汛期对潮河农田灌溉取水口实行闭口下泄集中输水措施，年增加下泄水量3140×10^4 m^3(丰宁满族自治县水务局，2006；滦平县水务局，2006)。

通过对部分企业进行环保技术改造，关停电镀、造纸、化工、皮毛加工、铁选厂等40多家污染企业，全部取缔黄金氰化堆浸和小汞碾冶炼，确保了潮河出境水质达到国家Ⅱ类水标准。

(3) 社会经济效益提高

水土保持项目区以及小流域综合治理中，对坡耕地进行改造，增加了基本农田，对产业结构进行调整，引入了一定比例的具有高附加值的经济林，同时配套小型水利水土保持工程，改善了农业生产条件，提高了粮食单产、经济效益以及人均年收入。2001—2005年，潮河流域通过“21世纪初期首都水资源可持续利用规划”改造坡耕地4027 hm^2，粮食平均单产由原来的4500 kg/hm^2增加到6000 kg/hm^2，共增产粮食604×10^4 kg，纯增经济效益604万元；人均年纯收入由原来的不足1000元提高到1800元左右。

2. 存在的主要问题

潮河流域经济状况落后，社会生产力低下，经济发展水平较低，丰宁县和滦平县目前仍是国家级贫困县，是典型的农业县。由于大部分乡镇生产条件差，经济基础薄弱，科技落后，投入不足，生态、环境的恶化程度尚未得到有效控制，水土流失治理方面尚存在一些问题。

(1) 治理任务重，投入不足

潮河流域沟壑纵横、地表破碎，山体坡度多在15°～40°之间，坡度在15°以上的土地面积占总面积的67.75%，沟壑密度大，约为1.51 km/km^2，治理难度较大。造林成活率虽可达80%以上，但保存率低，仅为40%，重复造林，补植费用高。修筑梯田、谷坊等工程措施需耗费大量人力、物力和财力。

自80年代以来，虽然在该流域实施了一系列水土保持重点建设项目，但都不能善始善终，大多投资中断，半路夭折。1989年开始的“潮河上游水土保持重点防治”项目只实施了3～5年，完成了1/3投资计划，便中断了投资。“21世纪初期首都水资源可持续利用规划”中25个水保项目，总投资6.95亿元，设计治理水土流失面积2094 km^2，规划实施期为2001—2005年，到2005年底只实施了7个项目16249万元，完成治理面积318 km^2就已搁浅（丰宁满族自治县水务局，2006；滦平县水务局，2006）。同时，在项目规划设计、项目投资补助标准方面也存在严重不足。所有水保项目都是限额设计，且标准很低。在1989年密云水库上游重点治理项目中，每平方千米投资1.1～1.2万元左右，主要靠农民投工投劳。在市场经济和国家取消两工的新形势下，虽然新的水保项目每平方千米投资标准提高到20～30万元，但标准仍然很低。如果能达到水土保持技术规范的设计标准，每平方千米投资至少需要60～120万元（丰宁满族自治县水务局，2005；屈志成等，2006）。水保项目不稳定，补助费用低，投入不足，限额设计，势必影响着小流域综合治理功能和效益。

(2) 管理水平低，边治理边破坏的现象仍然存在

随着流域内人口的增长，必然导致对自然资源索取数量的增加。农民群众为了生存，不得不依赖有限的自然资源，频繁地毁林毁草开荒，薪炭樵采。陡坡开荒、过度放牧的现象仍然存在。近几年矿业发展迅速，植被不断被破坏，开矿、修路等造成的土壤侵蚀日益严重。

(3) 水土保持科学研究滞后

区域水土保持的开展，需要科学评价以往水土保持各项措施的实施效果，为明确不同时期水土保持的发展战略、合理配置各项治理措施奠定基础。由于科学试验研究资金不足、科研设备缺乏等限制因素的影响，使得流域内水土流失动态监测未能开展，水土流失治理成果的动态跟踪未能到位。滦平县2003年、丰宁县2004年才开始在潮河流域布设监测小区，对水土流失治理的效果进行评价。

第3章　流域土地利用/覆被动态变化及其驱动力分析

土地利用/覆被变化是一种特殊的自然社会现象，涉及土地资源自然属性和人类利用方式的变化（傅伯杰等，2004），是全球环境变化的重要因素，对地表水文过程有着直接和间接的影响。

本章借助GIS工具，基于80年代中后期、1995年和2000年三期土地覆被数据，探讨潮河流域土地覆被类型的总量变化、空间变化和区域差异特征，明确土地覆被变化的主要类型、方向和分布特征，探讨土地利用/覆被变化的驱动力机制，旨在揭示该流域土地利用的时空变化特征和变化规律，阐明土地利用和土地覆被格局与其社会和自然驱动力之间的因果关系，为研究该流域土地利用/覆被变化的水文水资源效应奠定基础。

3.1　流域土地利用/覆被变化总体特征

土地利用/覆被变化包括土地覆被类型的结构变化、空间变化和区域差异。结构变化首先反映在不同类型的总量变化上，通过分析土地利用/覆被类型的总量变化、空间变化和区域差异，可了解土地利用/覆被变化总的态势。

3.1.1　数据获取及研究方法

（一）数据来源

潮河流域三期土地覆被数据的主要信息源是Landsat TM/ETM影像，本研究采用中国科学院资源环境科学数据中心根据该影像解译的全国 1∶10 万土地覆被数据。土地覆被类型采用三级分类系统:一级分为 6 类,二级分为 28 个类型,三级 8 个类型。土地覆被分类标准见表 3-1。三期土地覆被图见图 3-1、图 3-2 和图 3-3(彩图 4、彩图 5 和彩图 6)。

表 3-1 中国科学院资源环境科学数据中心 1∶10 万土地覆被图分类系统

一级类型		二级类型		含义
编号	名称	编号	名称	
1	耕地	—	—	指种植农作物的土地,包括熟耕地、新开荒地、休闲地、轮歇地、草田轮作地;以种植农作物为主的农果、农桑、农林用地;耕种三年以上的滩地和滩涂。
		11	水田	指有水源保证和灌溉设施,在一般年景能正常灌溉,用以种植水稻、莲藕等水生农作物的耕地,包括实行水稻和旱地作物轮种的耕地。
		12	旱地	指无灌溉水源及设施,靠天然降水生长作物的耕地;有水源和浇灌设施,在一般年景下能正常灌溉的旱作物耕地;以种菜为主的耕地,正常轮作的休闲地和轮歇地。
2	林地	—	—	指生长乔木、灌木、竹类以及沿海红树林地等林业用地。
		21	有林地	指郁闭度>30%的天然林和人工林,包括用材林、经济林、防护林等成片林地。
		22	灌木林	指郁闭度>40%、高度在 2 m 以下的矮林地和灌丛林地。
		23	疏林地	指疏林地(郁闭度为 10%~30%)。
		24	其他林地	未成林造林地、迹地、苗圃及各类园地(果园、桑园、茶园、热带作物林园等)。
3	草地	—	—	指以生长草本植物为主,覆盖度>5%的各类草地,包括以牧为主的灌丛草地和郁闭度<10%的疏林草地。
		31	高覆盖度草地	指覆盖度>50%的天然草地、改良草地和割草地。此类草地一般水分条件较好,草被生长茂密。
		32	中覆盖度草地	指覆盖度在 20%~50%的天然草地和改良草地,此类草地一般水分不足,草被较稀疏。
		33	低覆盖度草地	指覆盖度在 5%~20%的天然草地,此类草地水分缺乏,草被稀疏,牧业利用条件差。

（续表）

一级类型		二级类型		含　义
编号	名称	编号	名称	
4	水域	—	—	指天然陆地水域和水利设施用地。
		41	河渠	指天然形成或人工开挖的河流及主干渠常年水位以下的土地，人工渠包括堤岸。
		42	湖泊	指天然形成的积水区常年水位以下的土地。
		43	水库坑塘	指人工修建的蓄水区常年水位以下的土地。
		44	永久性冰川雪地	指常年被冰川和积雪所覆盖的土地。
		45	滩涂	指沿海大潮高潮位与低潮位之间的潮侵地带。
		46	滩地	指河、湖水域平水期水位与洪水期水位之间的土地。
5	城乡、工矿、居民用地	—	—	指城乡居民点及县镇以外的工矿、交通等用地。
		51	城镇用地	指大、中、小城市及县镇以上建成区用地。
		52	农村居民点	指农村居民点。
		53	其他建设用地	指独立于城镇以外的厂矿、大型工业区、油田、盐场、采石场、交通道路、机场及特殊用地。
6	未利用地	—	—	目前还未利用的土地，包括难利用的土地。
		61	沙地	指地表为沙覆盖，植被覆盖度在<5%的土地，包括沙漠，不包括水系中的沙滩。
		62	戈壁	指地表以碎砾石为主，植被覆盖度<5%的土地。
		63	盐碱地	指地表盐碱聚集，植被稀少，只能生长耐盐碱植物的土地。
		64	沼泽地	指地势平坦低洼，排水不畅，长期潮湿，季节性积水或常积水，表层生长湿生植物的土地。
		65	裸土地	指地表土质覆盖，植被覆盖度<5%的土地。
		66	裸岩石砾地	指地表为岩石或石砾，其覆盖度在5%以下的土地。
		67	其他	指其他未利用土地，包括高寒荒漠、苔原等。

注：其中耕地的第三位代码为：1.山地；2.丘陵；3.平原；4.大于25度的坡地。

（二）研究方法

首先借助ArcGIS9.3的Arctools模块中的overlay命令对80年代中后期、1995年和2000年三期土地覆被图进行叠加，得到土地覆被变化图，再结合Excel软件统计提取相关的土地覆被变化信息，建立土地覆被变化转移矩阵，最后对所得矩阵进行分析得到各地类的变化信息。

图 3-1 潮河流域 80 年代中后期土地覆被分类图

图 3-2 潮河流域 1995 年的土地覆被分类图

图 3-3 潮河流域 2000 年的土地覆被分类图

3.1.2 土地利用/覆被结构变化

从三期土地覆被图的属性信息中分别提取出80年代中后期、1995年、2000年的一级土地覆被类型和二级土地覆被类型的信息，并绘制成图（图3-4，图3-5）。

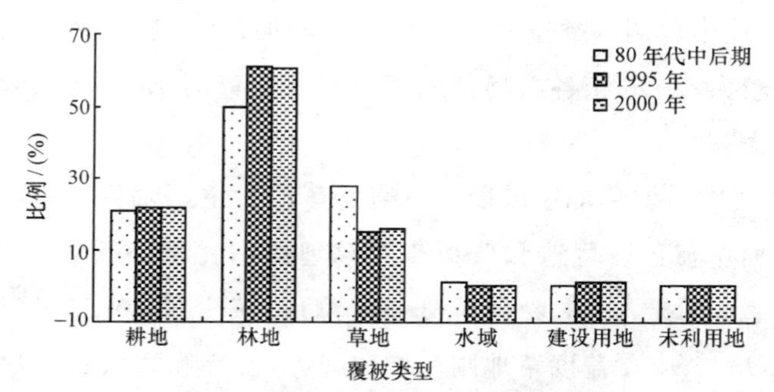

图3-4 潮河流域一级土地覆被类型结构变化

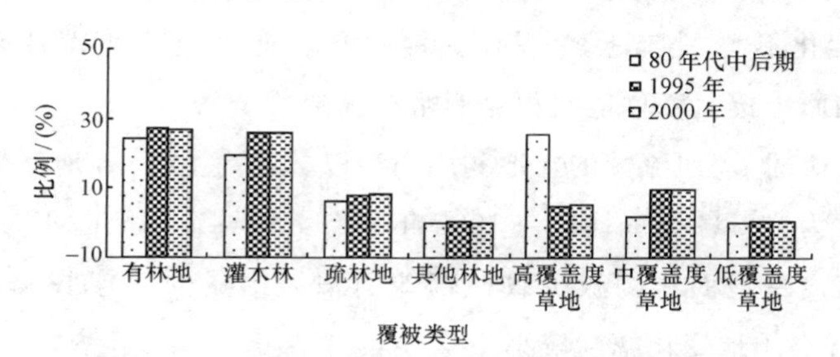

图3-5 潮河流域二级土地覆被类型结构变化

从图3-4和图3-5可以看出，该流域的一级土地覆被类型以林地为主，其次是耕地和草地，这三种地类面积的总和达到了98%以上。林地以有林地和灌木林为主，林地面积在3个时点所占的比例分别为49.79%、61.54%和60.77%，1995年林地面积比80年代中后期显著增加，2000年比1995年略有减少。耕地的主要类型为旱地，耕地面积在3个时点中所占的比例分别为20.81%、21.26%和21.52%，呈现缓慢增加趋势。草地面积在3个时点所占的比例分别为27.59%、15.23%和15.82%，1995年草地面积比80年代中后期大大减少，2000年草地面积又略有回升。

水域、建设用地(城乡、工矿、居民用地)和未利用地所占比例较少,变化幅度较小。水域面积在 1995 年有所减少后基本保持不变,建设用地则在 1995 年有所增加后基本保持不变,未利用地表现为先增后减。

从二级土地覆被类型结构变化图(图 3-5)可以看出,3 个时点的林地组成均以有林地和灌木林为主,所占流域面积比例皆在 19%以上。1995 年较 80 年代中后期各类型林地面积均有增加,其中灌木林、有林地面积增加幅度较大;2000 年各类型林地面积所占比重与 1995 年大致相当,变化幅度不大。

80 年代中后期草地组成以高覆盖度草地为主,其面积占流域面积的 25.51%,而中覆盖度草地和低覆盖度草地所占比例较少。1995 年草地面积大量减少,减少的主要是高覆盖度草地,减少了 20.57%,仅占流域面积的 4.93%;中覆盖度草地则呈增加趋势,占流域面积的 9.81%,成为这一时点的草地主体;低覆盖度草地面积略有增加。2000 年草地面积较 1995 年变化不大,略有增加,其中高覆盖度草地、低覆盖度草地面积比例略有增加而中覆盖度草地面积比例略有减少。

综上所述,潮河流域的土地利用类型以林地为主,而林地又以有林地和灌木林为主。各类型林地在 1995 年均有增加导致林地面积大幅增加,而高覆盖度草地面积的减少致使草地面积大幅减少。与 1995 年相比,2000 年各类用地变化幅度较小。

3.1.3 土地利用/覆被变化的速度和趋势

土地利用/覆被动态度能够刻画一定时间段内土地覆被类型的数量变化情况,可定量描述区域土地利用/覆被变化的速度,并对比较土地利用/覆被变化的区域差异和预测未来土地利用/覆被变化趋势都具有积极的作用,可以分为单一土地利用/覆被类型动态度和综合土地利用/覆被动态度(王秀兰等,1999)。

(一) 单一土地利用/覆被类型变化速度和趋势

假设一较短时段内,土地利用/覆被年变化为线性变化,则单一土地

利用/覆被类型动态度可表达某研究区域一定时间范围内某种土地利用/覆被类型的数量变化情况，其公式为

$$R_{iT}=\frac{U_{ib}-U_{ia}}{U_{ia}}\times\frac{1}{T}\times100\%=\frac{\Delta U_{iin}-\Delta U_{iout}}{U_{ia}}\times\frac{1}{T}\times100\% \quad (3\text{-}1)$$

式中：R_{iT}为研究时段内第 i 种土地利用/覆被类型动态度；i 为某种土地覆被类型；U_{ia}、U_{ib}分别为研究期初和研究期末第 i 种土地利用/覆被类型的面积；ΔU_{iout}为研究时段 T 内这种土地利用/覆被类型转变为其他类型的面积之和；ΔU_{iin}为其他类型转变为该类型的面积之和；T 为研究时段长度，当 T 的时段设定为年时，R_{iT}即表示该研究区第 i 种土地利用/覆被类型的年变化率。

根据单一土地利用/覆被类型动态度计算公式计算出潮河流域各种土地利用/覆被类型的年变化率(表 3-2)。

表 3-2 潮河流域土地利用/覆被年变化率 单位：(%)

土地利用/覆被类型	80 年代中后期—1995 年	1995—2000 年	土地利用/覆被类型	80 年代中后期—1995 年	1995—2000 年
耕地	0.45	0.24	有林地	2.56	−0.44
林地	4.72	−0.25	灌木林	6.89	−0.1
草地	−8.96	0.78	疏林地	5.84	0.25
水域	−11.82	0.92	其他林地	104.26	−10.55
建设用地	27.82	−0.14	高覆盖度草地	−16.13	2.51
未利用地	16.64	−5.55	中覆盖度草地	76.63	−0.06
			低覆盖度草地	157.13	0.33

由表 3-2 可以看出，80 年代中后期到 1995 年间，建设用地年变化率最大，达到 27.82%；其次是未利用地和水域，年变化率分别达到 16.64% 和 11.82%；草地变化幅度较大，年变化率为 8.96%；林地由于总量较大，土地利用/覆被变化的部分所占比例相对较小，所以年变化率只有 4.72%；变化最少的为耕地，变化幅度仅为 0.45%；林地中的其他林地和草地中的低覆盖度草地变化幅度很大，均超过 100%，由于二者在研究期初面积很小，所以虽然变化幅度大，但研究期末它们的面积较其他类型林地、草地仍然较小。在 1995—2000 这一时期内，除未利用地的年变化率

较大之外,其他一级土地覆被类型的年变化率均在 1%以内,变化幅度较小;林地中除其他林地变化较快之外,有林地、灌木林、疏林地变化率均较小;草地中高覆盖度草地变化较大。总体来看,80 年代中后期到 1995 年的土地覆被类型的增加或减小速率都较快,而 1995—2000 年的土地覆被类型的变化速率则较为缓慢。

(二) 综合土地利用/覆被变化速度和趋势

假设一较短时段内,土地利用/覆被年变化为线性变化,则区域综合土地利用/覆被动态度可描述区域土地利用/覆被变化的速度,用公式表示为

$$LC = \left[\frac{\sum_{i=1}^{n} \Delta LU_{i-j}}{2\sum_{i=1}^{n} LU_i}\right] \times \frac{1}{T} \times 100\% \tag{3-2}$$

式中:LU_i 为监测起始时间第 i 类土地利用/覆被类型面积;ΔLU_{i-j} 为监测时段第 i 类土地利用/覆被类型转换为非 i 类土地利用/覆被类型面积的绝对值;T 为监测时段长度。当 T 的时段设定为年时,LC 反映的就是该研究区土地利用/覆被年变化率。

根据计算,80 年代中后期到 1995 年潮河流域综合土地利用/覆被动态度为 2.55%,1995—2000 年为 0.12%。由此可见,潮河流域的土地利用/覆被变化在 80 年代中后期到 1995 年间更为剧烈,而在 1995—2000 年期间较为平缓。上述结果显然忽略了土地利用/覆被变化的内在过程(类型面积的转入与转出),只反映出土地利用/覆被数量上的变化速度。

3.1.4 土地利用/覆被空间变化特征

空间叠置分析是将同一地区的多幅不同要素或不同时期的遥感影像进行叠置,建立具有多重地理属性的空间分布区域,从而发现类型结构上的相互联系和地区差异以及动态变化特征。在 GIS 技术支持下,对潮河流域三期土地利用/覆被图进行空间叠加,分析其土地利用/覆被变化的空间过程,80 年代中后期到 2000 年土地利用/覆被变化,见图 3-6~图 3-17。

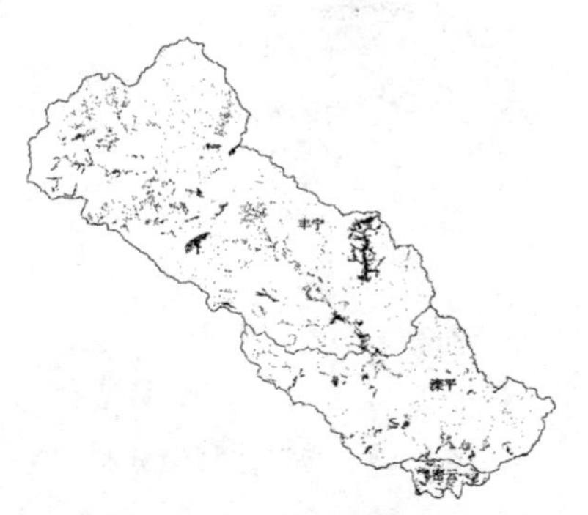

图 3-6 耕地转化为其他类型

图 3-7 林地转化为其他类型

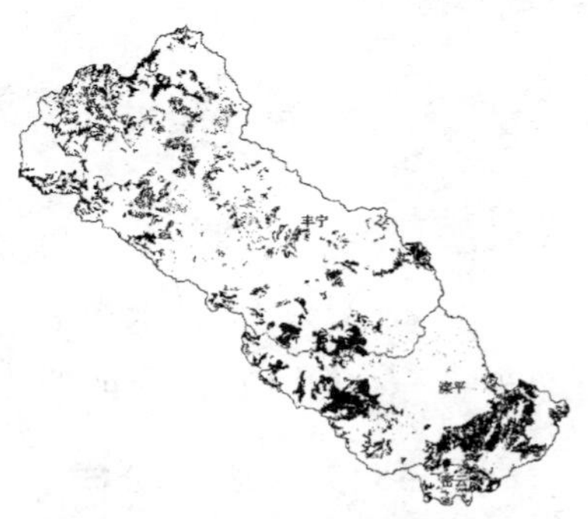

图 3-8 草地转化为其他类型

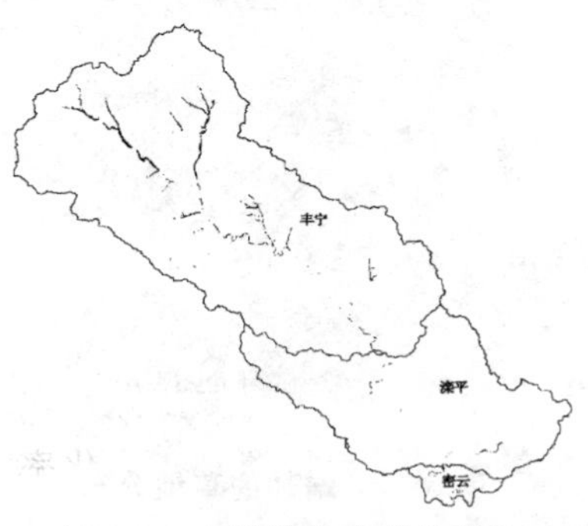

图 3-9 水域转化为其他类型

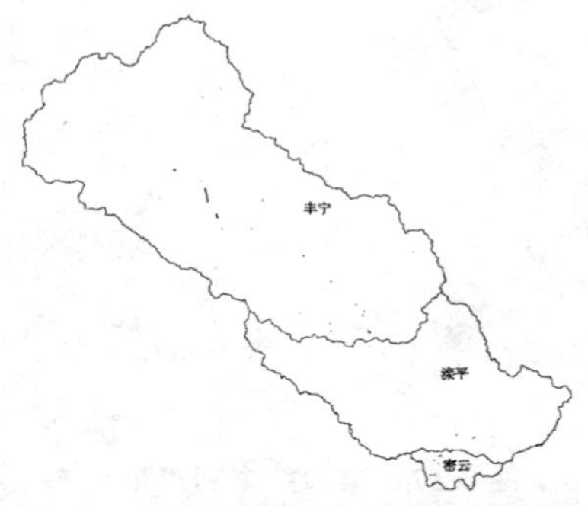

图 3-10 建设用地转化为其他类型

图 3-11 未利用地转化为其他类型

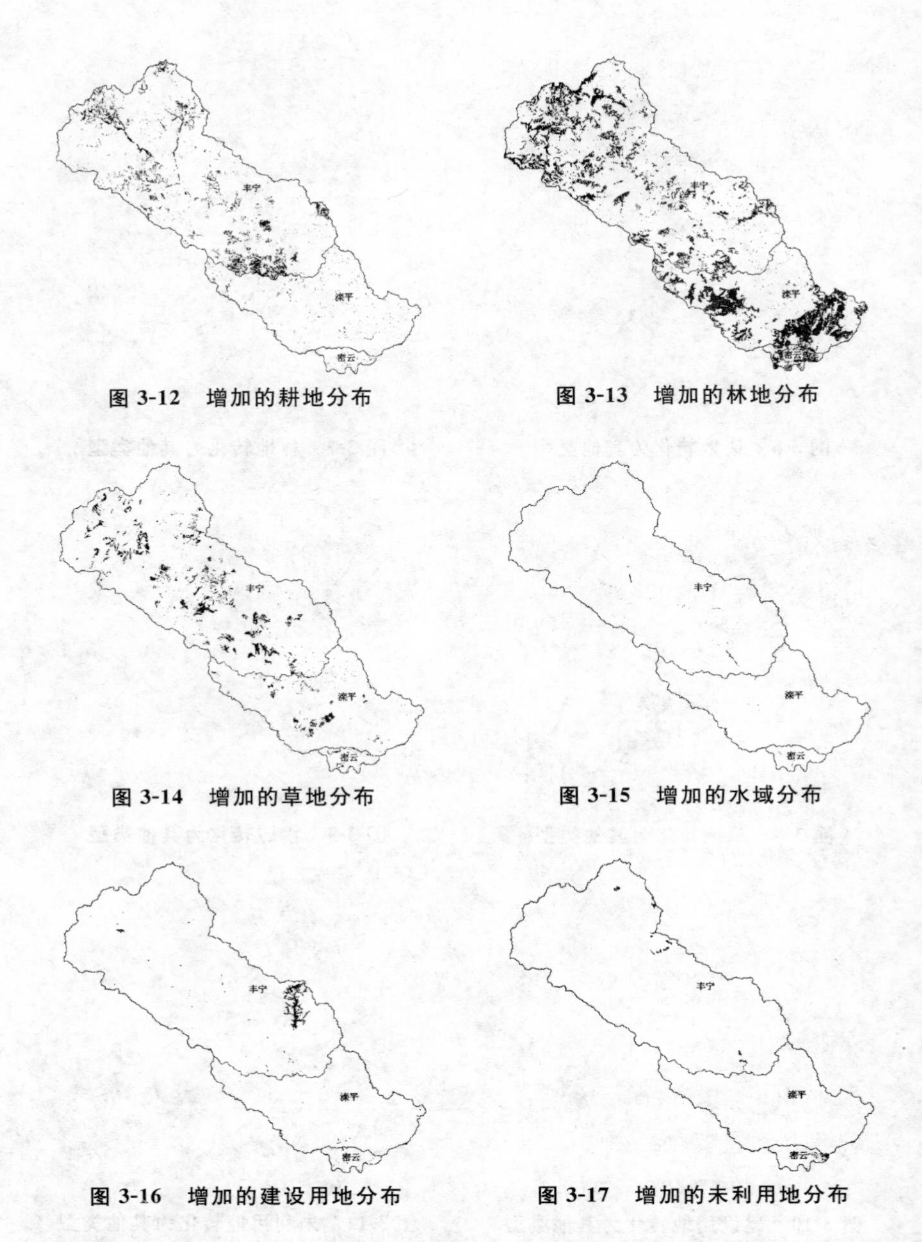

图 3-12 增加的耕地分布

图 3-13 增加的林地分布

图 3-14 增加的草地分布

图 3-15 增加的水域分布

图 3-16 增加的建设用地分布

图 3-17 增加的未利用地分布

分析图 3-6～图 3-17,可以得到潮河流域 10 余年间的不同土地利用/覆被类型发生变化的空间变化分布趋势。

从耕地减少的空间分布上来看,主要在丰宁县低山丘陵区的沟谷和主河道两侧，这些区域的耕地有些是坡耕地，有些是潜在沙化耕地，退耕导致了耕地的减少，还有部分耕地变成了建设用地；增加的耕地主要分布在丰宁县北部和西部；林地面积的减少地区的空间分布主要集中在丰宁县西部；草地面积的减少地区主要分布在丰宁县北部、滦平县西部和南部，这些区域是低山丘陵区，由于荒山造林工程的推行，使得这些荒草坡变成了林地；草地面积的增加主要集中在丰宁县西部、北部和滦平县西部。

3.1.5 土地利用/覆被变化区域差异分析

区域内土地利用/覆被变化存在明显的地区差异，因此，引入单一土地利用类型相对变化率来反映土地利用数量变化的差异(傅伯杰等，2004；臧淑英等，2008)。区域某一特定土地利用类型相对变化率可表示为

$$R=\frac{|K_b-K_a|\times C_a}{K_a\times|C_b-C_a|} \tag{3-3}$$

式中：K_a、K_b 分别为区域某一特定土地利用类型研究期初及研究期末的面积；C_a、C_b 分别代表全区域某一特定土地利用类型研究期初及研究期末的面积。如果某区域某种土地利用类型的相对变化率 $R>1$，则表示该区域这种土地利用类型变化幅度大于全区该类用地的变化；反之，则小于全区该类用地的变化。相对变化率是一种反映土地利用变化区域差异的很好方法(臧淑英等，2008)。

根据上述公式，计算了潮河流域丰宁县、滦平县、密云县三个区域的土地利用相对变化率(表 3-3)。结果显示，80 年代中后期到 2000 年流域土地利用数量变化存在明显的区域差异(图 3-18～图 3-23)。

表 3-3 潮河流域分县各类土地利用相对变化率 单位：(%)

土地利用类型	80 年代中后期—1995 年			1995—2000 年			80 年代中后期—2000 年		
	丰宁	滦平	密云	丰宁	滦平	密云	丰宁	滦平	密云
耕地	3.68	5.03	27.48	0	0	120.17	2.35	3.21	0.57
林地	0.56	1.96	3.54	0	0	34.79	0.60	2.10	0.17

(续表)

土地利用类型	80 年代中后期—1995 年			1995—2000 年			80 年代中后期—2000 年		
	丰宁	滦平	密云	丰宁	滦平	密云	丰宁	滦平	密云
草地	0.81	1.25	1.67	0	0	72.03	0.85	1.32	0.09
水域	1.07	0.55	0.50	0	0	9.09	1.11	0.57	0
建设用地	1.30	0.10	0.75	0	0.26	38.11	1.32	0.10	0.36
未利用地	0.44	0	>1.0	0	0	3.60	1.12	0.01	0

从表 3-3 中可以看出，潮河流域土地利用数量变化存在明显的区域差异：80 年代中后期到 1995 年，流域各类土地利用的相对变化率较高，耕地、林地、草地的变化以密云县为最大，滦平县次之，丰宁县最小；水域的变化以丰宁县为最大，滦平县次之，密云县最小；建设用地的变化以丰宁县为最大，密云县次之，滦平县最小；因密云县 80 年代中后期未利用地基本为 0，1995 年有所增加，故其未利用地变化率最大，丰宁县也有所变化。1995—2000 年期间，耕地、林地、草地、水域、建设用地、未利用地的变化都是密云县最大，丰宁县各类土地利用类型基本未发生变化，滦平县只有建设用地发生了一些变化。

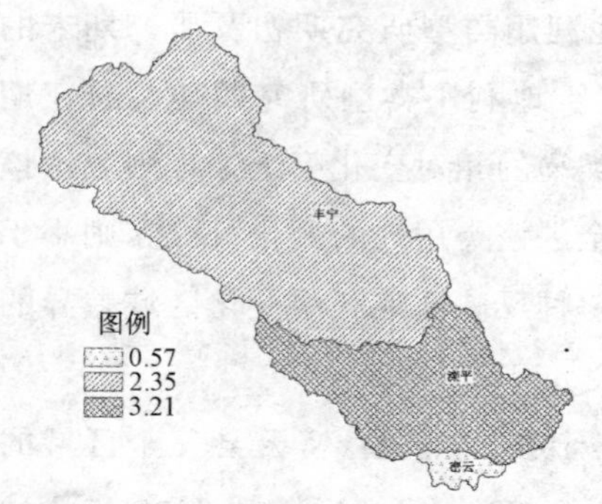

图 3-18 耕地相对变化率空间分布

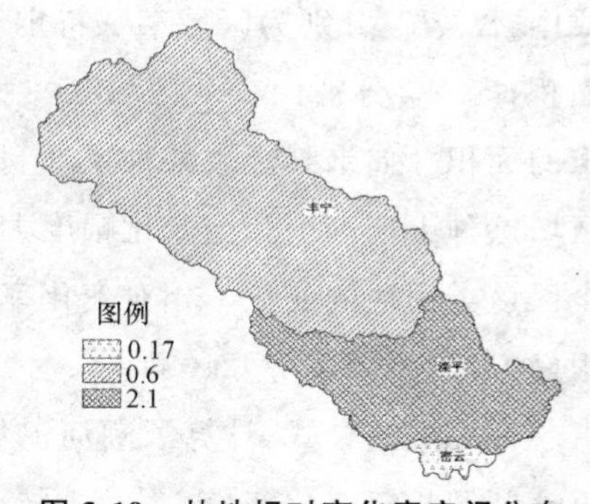

图 3-19 林地相对变化率空间分布

从图 3-18～图 3-23 中可以看出，80 年代中后期到 2000 年期间，耕地、林地、草地的变化率滦平县最大，分别达到了 3.21%、2.10%以及 1.32%，都超过了全区耕地、林地、草地的变化幅度；密云县的变化率均最小，分别为 0.57%、0.17%和 0.09%；水域和未利用地的变化率都是丰宁县最大，密云县最小；建设用地的变化率是丰宁县最大，滦平县最小。

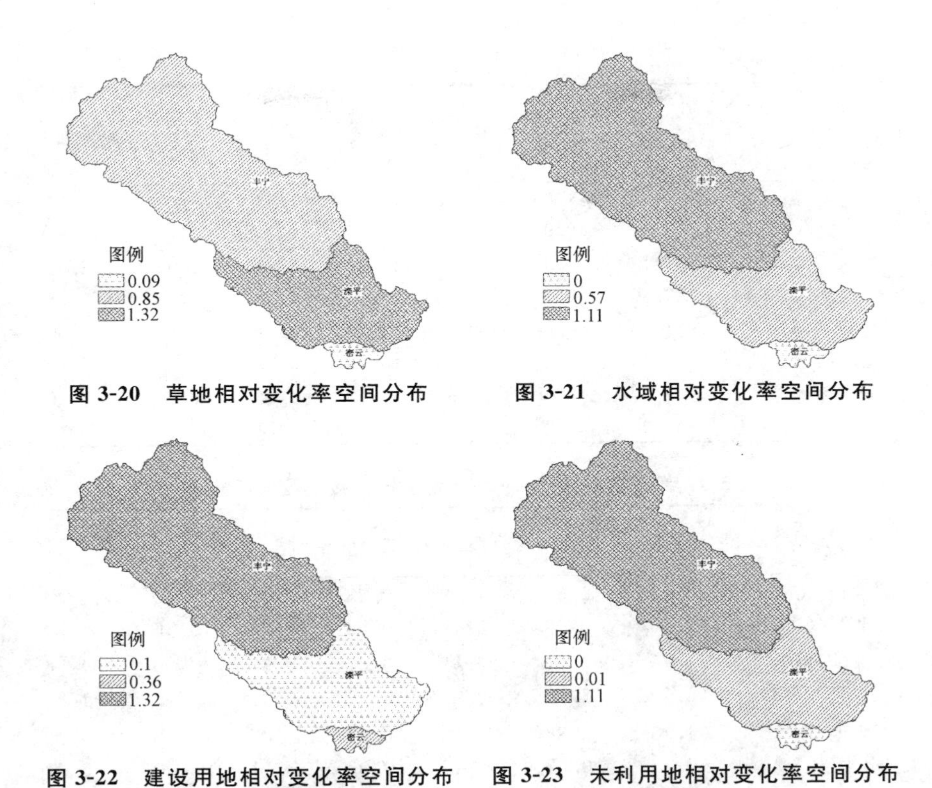

图 3-20 草地相对变化率空间分布　图 3-21 水域相对变化率空间分布

图 3-22 建设用地相对变化率空间分布　图 3-23 未利用地相对变化率空间分布

3.2 流域土地利用/覆被变化的转移矩阵分析

借助于 ArcGIS9.3 软件和 Excel 软件，计算得到了 80 年代中后期到 1995 年和 1995—2000 年两个时段土地利用/覆被类型转移矩阵(表 3-4，表 3-5)。

表 3-4 潮河流域 80 年代中后期到 1995 年土地覆被类型转移矩阵

80 年代中后期 \ 1995 年	耕地	林地	草地	水域	建设用地	未利用地	净增加
耕地/km²	828.71	95.84	52.89	1.73	32.46	2.86	22.10
比例/(%)	81.69	9.45	5.21	0.17	3.20	0.28	2.12
林地/km²	44.33	2226.04	152.57	0.08	1.17	3.39	572.61
比例/(%)	1.83	91.70	6.28	0	0.05	0.14	23.59

（续表）

80年代中后期 \ 1995年	耕地	林地	草地	水域	建设用地	未利用地	净增加
草地/km^2	129.73	671.35	534.06	0.60	1.43	8.08	−602.83
比例/(%)	9.64	49.91	39.70	0.04	0.11	0.60	−44.81
水域/km^2	27.18	4.36	2.25	19.24	1.41	0.64	−32.53
比例/(%)	49.36	7.91	4.08	34.93	2.56	1.16	−59.08
建设用地/km^2	1.75	0.59	0.15	0.89	20.41	0	33.09
比例/(%)	7.37	2.48	0.63	3.73	85.80	0	139.13
未利用地/km^2	4.90	2.00	0.50	0	0.01	1.67	7.56
比例/(%)	53.95	22.05	5.53	0	0.08	18.4	83.22

表 3-5 潮河流域 1995—2000 年土地覆被类型转移矩阵

1995年 \ 2000年	耕地	林地	草地	水域	建设用地	未利用地	净增加
耕地/km^2	1034.06	0.65	1.48	0.23	0.17	0	12.46
比例/(%)	99.76	0.06	0.14	0.02	0.02	0	1.20
林地/km^2	11.79	2957.77	29.67	0.61	0.32	0	−37.56
比例/(%)	0.39	98.59	0.99	0.02	0.01	0	−1.25
草地/km^2	1.73	3.88	736.52	0.21	0.07	0	29.09
比例/(%)	0.23	0.52	99.20	0.03	0.01	0	3.92
水域/km^2	0.16	0.07	0.04	22.27	0	0	1.04
比例/(%)	0.69	0.30	0.17	98.84	0	0	4.60
建设用地/km^2	0.58	0.06	0.08	0.25	55.92	0	−0.40
比例/(%)	1.01	0.10	0.14	0.45	98.30	0	−0.71
未利用地/km^2	0.72	0.18	3.71	0	0	12.02	−4.62
比例/(%)	4.35	1.10	22.30	0	0	72.25	−27.75

由表 3-4 和表 3-5 中可以看出，在 80 年代中后期到 1995 年这一阶段，除未利用土地外，各土地利用类型都有 34%以上保持不变，尤其是占土地利用类型主体的林地有 91.70%的面积保持不变，耕地和建设用地保持不变的面积比例也很高，分别为 81.69%和 85.80%，其他各类型之间的相互转换强度较大。而在 1995—2000 年这一阶段，各类型用地之间的转换强度都较小，除未利用地外，各类型用地都有 98%以上保持不变，未变的未利用地比例也达到 72.25%。未变林地比例较高，一方面是由

于该流域的自然条件决定了林地是主要土地利用类型,另一方面也与国家制定的相关水源保护的生态建设政策有关。

潮河流域的土地利用/覆被变化规律可以简单地总结为:耕地、草地向林地的转换构成了土地利用/覆被变化的主导过程,另外,水域、未利用地向耕地的转换以及未利用地向草地的转换也是土地利用/覆被变化的表现。土地利用转移的具体分析如下。

3.2.1 耕地

1995 年较 80 年代中后期耕地净增加 2.12%(22.1 km^2),保持不变的为 81.69%(828.71 km^2)(表 3-4),未变耕地占 1995 年耕地面积的 79.95%(表 3-6)。2000 年较 1995 年耕地仅净增加 1.2%(12.46 km^2),有 99.76%的耕地面积(1034.16 km^2)保持不变,未变耕地占 2000 年耕地面积的 98.57%。

在 80 年代中后期到 1995 年这一时期内,有 18.31%的耕地转变为其他类型,主要是转变为林地、草地,分别占 80 年代中后期耕地面积的 9.45%、5.21%(表 3-4)。转变为耕地的主要用地类型为草地和林地,这些类型分别占 1995 年耕地面积的 12.51%、4.28%(表 3-6)。同时,部分水域、未利用地也转换为耕地,它们分别占 1995 年耕地面积的 2.62%、0.47%(表 3-6)。

表 3-6 前一时点各种土地覆被类型变化面积占后一时点相应土地覆被类型面积的比例(%)

		耕地	林地	草地	水域	建设用地	未利用地
80 年代中后期土地覆被类型	耕地	79.95	3.19	7.12	7.66	57.07	17.2
	林地	4.28	74.2	20.55	0.35	2.05	20.38
	草地	12.51	22.38	71.94	2.68	2.51	48.55
	水域	2.62	0.15	0.3	85.36	2.48	3.84
	建设用地	0.17	0.02	0.02	3.94	35.88	0
	未利用地	0.47	0.07	0.07	1.38	0.01	10.04
1995 年合计		100	100	100	100	100	100

（续表）

		耕地	林地	草地	水域	建设用地	未利用地
1995年土地覆被类型	耕地	98.57	0.02	0.19	0.96	0.29	0
	林地	1.24	99.84	3.85	2.58	0.57	0
	草地	0.17	0.13	95.47	0.89	0.13	0
	水域	0.01	0	0	94.49	0	0
	建设用地	0.05	0	0.01	1.08	99	0
	未利用地	0.07	0.01	0.48	0	0	100
2000年合计		100	100	100	100	100	100

在1995—2000年这一时期内，仅有0.24%的耕地转换为其他的用地类型(表3-5)，主要是转化为草地，占1995年耕地面积的0.14%。转变为耕地的主要用地类型为林地，转换成的耕地面积占2000年耕地面积的1.24%(表3-6)。

3.2.2 林地

1995年较80年代中后期林地增加23.59%(572.61 km²)，保持不变的为91.7%(2226.04 km²)(表3-4)，未变林地占1995年林地总面积的74.2%(表3-6)。2000年较1995年林地减少了1.25%(37.56 km²)，有98.59%的林地面积保持不变，未变林地面积占2000年林地面积的99.84%(表3-6)。

80年代中后期到1995年之间有8.3%的林地转换为其他类型，主要是草地和耕地，分别占80年代中后期林地面积的6.28%和1.83%(表3-4)。新增加的林地面积则主要来源于草地和耕地，所转换成的林地面积占1995年林地面积的22.38%和3.19%(表3-6)。

1995—2000年之间仅有1.41%的林地转换为其他类型，其中有0.99%的林地转换为草地。增加的林地面积比较少，仅占2000年林地面积的0.16%(表3-6)。

3.2.3 草地

1995年较80年代中后期草地面积净减少44.81%(602.83 km²)(表

3-4)，未变草地面积占1995年草地面积的71.94%(表3-6)。2000年草地面积比1995年净增加3.92%(29.02 km^2)，有99.2%的草地面积(736.52 km^2)保持不变(表3-5)。未变草地面积占2000年草地面积的95.47%(表3-6)。

80年代中后期到1995年这一时期内有60.03%的草地面积转变为其他用地类型，其中有49.91%的草地转换为林地，9.64%转换为耕地(表3-4)。新增加的草地面积主要来源于林地和耕地，两者面积分别占1995年草地面积的20.55%和7.12%(表3-6)。

1995—2000年期间仅有0.8%的草地转换为其他用地类型，其中有0.52%的面积转换为林地(表3-4)。而增加的草地面积也主要来源于林地，其面积占2000年草地面积的3.85%(表3-6)。

3.2.4 水域

1995年的水域面积较80年代中后期净减少59.08%(32.53 km^2)，保持不变的为34.93%(19.24 km^2)(表3-4)，未变水域占1995年水域面积的85.36%(表3-6)。2000年的水域面积较1995年净增加了4.6%(1.04 km^2)，有98.84%的水域面积(22.27 km^2)保持不变(表3-5)，未变水域面积占2000年水域面积的94.49%(表3-6)。

80年代中后期到1995年期间有65.07%的水域面积转变为其他类型，其中49.36%的水域面积转换成了耕地，7.91%转换成了林地(表3-4)。新增加的水域面积主要来源于耕地，转换成的水域面积占1995年水域面积的7.66%(表3-6)。

1995—2000年期间仅有1.16%的水域面积转换成了其他的用地类型，其中有0.69%的水域面积转换成了耕地，0.3%的面积转换成了林地(表3-5)。

3.2.5 建设用地

1995年建设用地面积较80年代中后期净增加139.13%(33.09 km^2)，

保持不变的为85.5%(20.41 km²)(表3-4)。未变建设用地占1995年建设用地面积的35.88%(表3-6)。2000年较1995年建设用地减少了0.71%(0.4 km²),有98.3%的建设用地面积(55.92 km²)(表3-5)保持不变,未变建设用地面积占2000年建设用地面积的99%(表3-6)。

80年代中后期到1995年期间,有14.2%的建设用地转换为其他类型,主要是转换为耕地、水域和林地,分别占80年代中后期建设用地面积的7.37%、3.73%和2.48%(表3-4)。新增加的建设用地面积主要来源于耕地,转换成的建设用地面积占1995年建设用地面积的57.07%(表3-6)。

1995—2000年期间有1.7%的建设用地转换为其他用地类型,其中1.01%的面积转换成了耕地(表3-5),而增加的建设用地面积较少。

3.2.6 未利用地

1995年未利用地面积较80年代中后期净增加83.22%(7.56 km²),保持不变的为18.4%(1.67 km²)(表3-4)。未变未利用地占1995年未利用地的10.04%(表3-6)。2000年较1995年未利用地净减少了27.75%(4.62 km²),有72.25%的未利用地面积(12.02 km²)保持不变(表3-5),未变未利用地占2000年未利用地总面积的99%(表3-6)。

80年代中后期到1995年期间有81.6%的未利用地转换成了其他类型,主要是耕地和林地,分别占80年代中后期未利用地面积的53.95%和22.05%。增加的未利用地主要来源于草地、林地和耕地,转变成的未利用地面积分别占1995年未利用地总面积的48.55%、20.38%和17.2%(表3-6)。

1995—2000年期间有27.75%的未利用地转变成了其他用地类型(表3-5),其中22.3%转换成了草地,4.35%转换成了耕地,而其他用地类型均没有向未利用地转换。

3.2.7 土地利用/覆被变化的主要转换类型

转移矩阵虽然在一定程度上反映了各土地覆被类型之间的相互转换

及由一种土地覆被类型转为另一种土地覆被类型的强度，但不能从总体上直观地反映各转换类型的强度。为此，对流域空间叠置分析的结果进行统计排序，对转移矩阵作进一步的分析，可以统计出两个时段土地利用/覆被变化主要类型占总面积的比例，能直观地看出转换类型的强度，即在一定时期内哪种类型转换最强，哪种次之。空间数据统计结果反映的是土地利用/覆被的内在变化而不是土地利用/覆被类型面积变化的净量(表 3-7)。

表 3-7 潮河流域土地利用/覆被变化的主要类型面积

土地利用/覆被变化类型	80 年代中后期—1995 年		1995—2000 年	
	分类变化面积/km²	占总面积的比例/(%)	分类变化面积/km²	占总面积的比例/(%)
未变耕地	828.71	17.00	1034.06	21.21
未变林地	2226.04	45.66	2957.77	60.67
未变草地	534.06	10.95	736.52	15.11
未变土地总计	3630.12	74.46	4818.57	98.84
耕地转化为林地	95.84	1.97	0.65	0.01
耕地转化为草地	52.89	1.08	1.48	0.03
林地转化为耕地	44.33	0.91	11.79	0.24
林地转化为草地	152.57	3.13	29.67	0.61
草地转化为耕地	129.73	2.66	1.73	0.04
草地转化为林地	671.35	13.77	3.88	0.08
其他变化类型	98.41	2.02	3.41	0.07

由表 3-7 可见，80 年代中后期到 1995 年未变土地面积为 3630.12 km²，占流域总面积的 74.46%；1995—2000 年未变土地面积为 4818.57 km²，占流域总面积的 98.84%。未变土地面积大大增加。

在各类型的相互转化中，80 年代中后期到 1995 年期间有 25.54%的土地发生了利用方式变化，其中以林地和草地之间的转化为主，草地转化为林地的面积占流域总面积的 13.77%，所占比例最大，其余类型间的转化面积占总面积的比例不大；1995—2000 年期间只有 1.16%的土地发生了利用方式的变化，各类型之间的转化面积占总面积的比重都较小，说明这一时期土地利用/覆被变化速度较慢。这些特征表明，林地的增加是流域土地利用/覆被变化的主要特征,其主要来源为草地。

3.3 流域土地利用/覆被变化的驱动力分析

驱动力是指导致土地利用方式和目的发生变化的主要生物物理和社会经济因素。土地利用/覆被变化的驱动力及其驱动机制是土地利用/覆被变化研究的关键,对于揭示土地利用/覆被的时空变化和建立土地利用/覆被变化的预测模型起到关键作用,因此分析土地利用/覆被变化的驱动力,建立相应的驱动力模型,已经成为当前国际上土地利用/覆被变化研究的新动向。

土地利用/覆被变化是区域范围内各种因素综合作用的结果。目前,普遍认为土地利用变化的驱动力主要包括自然生物物理、社会经济因素以及土地利用管理方式三个层次上的因子控制:前者属于自然驱动力范畴,后两者属于人文驱动力范畴(臧淑英等,2008)。在自然系统中,自然驱动力类型主要包括气候、土壤、水文等因子,主要影响土地资源的生产力和土地利用强度;在社会系统中,通常将驱动力分为六类,即人口变化、贫富状况、技术进步、经济增长、政治经济结构以及价值观念(摆万奇等,2001)。自然驱动力通常并不直接导致土地利用变化,而是通过导致土地覆被的变化,进而影响土地利用决策。土地利用变化则会导致土地覆被变化,再影响到土地利用决策,从而产生新一轮的土地利用变化。由于驱动力的种类很多,它们之间相互联系、相互作用和相互影响。如果孤立地分析个别的驱动力,难以解释它们与土地利用/覆被变化之间的复杂关系,因此目前土地利用/覆被变化的驱动力与驱动机制研究有明显走向综合的趋势。很多研究者从经济学、社会学、生态学等多学科角度,全方位地开展土地利用/覆被变化的驱动力与驱动机制研究(韦素琼等,2005)。土地利用/覆被变化的驱动力研究对于揭示土地利用/覆被变化的原因、内部机制、基本过程、预测未来变化的方向和后果,以及制定相应的政策至关重要(余新晓等,2010)。

3.3.1 土地利用/覆被变化的驱动因素分类

土地利用/覆被的动态变化是各种驱动力作用下土地利用目的与方式的改变。影响土地利用/覆被变化的驱动因素有很多,可以概括为自然驱动因素和人文驱动因素两大类:自然驱动对土地利用/覆被变化具有长远影响,而人文驱动往往具有决定性影响。

土地利用/覆被变化的自然驱动因素是指对土地利用管理和利用方式具有一定影响的地球生物物理因子,它们更多地体现在对农用地的制约上。主要指自然资源的质量及人类生产、生活环境状况,如气候、水文、地形、土壤、植被、自然灾害、自然资源的存储量及交通状况等。从较短时间尺度来看,由于自然要素变化的频率和速率同社会经济要素的复杂快速变化相比都显得迟钝与缓慢,因而它对土地利用/覆被变化的影响不明显;但从较长时间来看,它对土地利用/覆被变化的影响是显著而深远的(余新晓等,2010)。区域土地利用的宏观格局、具体的土地利用方式的差异及其组合结构由该区域的气候、土壤、水文等要素在空间上的组合决定。

土地利用/覆被变化的人文驱动因素是指各种社会经济和政治文化、技术进步等因素对土地利用的作用,具体包括人口变化、贫富状况、技术进步、经济增长、政治经济结构以及价值观念等。

自然驱动因素决定了土地利用/覆被分布的基本情况,在某种情况下具有一定的主导作用,它在大环境背景上控制着土地利用/覆被时空变化的基本趋势与过程;而社会、经济、技术、政策等人文驱动因素,则对土地利用/覆被的时空变化往往具有决定性的影响,是土地利用/覆被变化的主要驱动力(臧淑英等,2008)。土地利用/覆被变化主要是人类活动造成的,因此,分析人文驱动因素对土地利用/覆被变化的影响更为重要(傅伯杰等,2004)。

(一) 区域经济因素

大量研究表明,经济发展是土地利用/覆被变化的最主要驱动力之一。经济结构与用地结构之间在空间上有一定的吻合性。各类土地利用类型的调整是人类为满足社会经济的发展需要引起的。社会经济发展规模和质量直接决定土地利用的集约化程度及土地需求程度。区域的生产力水平和产业结构是土地利用变化的直接决定因素。人均国民生产总值的提高和经济的发展,对第二、第三产业的需求和投入增加,生产要素会从第一产业转移到第二、第三产业,引起土地资源的转移。产业结构的转变首先通过相应的土地利用结构的转变得到反映,具体体现在土地资源在各产业部门间的重新组合和分配。社会经济发展具有一定阶段规律,同时又具有不确定性。分析社会经济发展对土地利用变化的驱动,可以为未来土地供给决策提供科学依据。

(二)社会政治因素

社会政治因素中主要影响因子又包括人口因素、政治因素、文化因素。人口作为一个独特的因素,是人类社会经济因素中最主要的,也是最具活力的因素。人口规模是建设用地规模的决定性因素,在人均用地水平相对稳定的前提下,人口规模增长对建设用地扩张提出直接要求。人口密度是衡量人口对土地的压力以及对土地利用变化影响的重要指标。人类通过自身数量的变化及转移等,增强对土地自然综合体的干预程度,来满足生存或更高一层的要求。

政治因素包括国家经济发展宏观调控、政府土地利用总体规划和土地管理政策等。区域土地利用类型都是在特定的经济系统和政策水平下形成的,政策因素中与土地利用相关的政策对土地利用方式有很重要的影响。不同区域尺度的政治政策不同,土地利用的变化也不同。特别是在生态脆弱区、发达地区以及欠发达地区城镇周围以及城乡过渡区,制度因素仍然是解决人地矛盾的主要途径(邵景安等,2007)。

价值观念因素是指土地利用主体观念、价值的判断和改变作用于土地,引起土地利用发生变化。与政策作用不同的是,其主体是主动实施者。价值观念对土地利用变化系统的影响有正面和负面的影响:其中正面的影响可以是土地利用变化的有序性、不同土地利用类型与当地的人口状况、经济状况以及土地本身的自然状况相协调;而负面的影响是错误的价值观念导致土地利用变化的不合理,进而影响当地的生态环境和经济发展。

(三)技术进步因素

技术进步可导致土地利用方式的转变,技术发展水平和应用程度直接影响着土地利用的深度和广度。农业技术的进步可以改善和提高现有农业生产技术装备水平,提高劳动生产率,生产规模效益化,成本降低,提高投入产出率,从而提高农业集约化水平。随着科技市场的不断完善,科技转化为生产力的步伐大大加快,对土地的作用会越来越大,将为土地资源开发利用创造更为良好的条件。

3.3.2 流域土地利用/覆被变化的驱动力指标体系

区域土地利用变化主要受自然驱动力和经济、社会、技术因素等人文驱动力的影响。自然驱动力中气候条件对土地利用有制约作用,主要表现在对农作物、牧草、林地以及未利用地的分布、组合、耕作制度和扩展情况上,气温、降水、蒸发量是主要的制约因子。从较短时间尺度上看,气候对土地利用/覆被变化的影响远远小于社会、经济、技术因子对土地利用/覆被变化的影响。潮河流域由于地理位置特殊,为京津地区的水源地,因此政府将生态建设作为该流域的首要任务,出台了一系列土地利用管理政策,来保护本流域的生态。本研究结合潮河流域的实际情况,并在定性分析研究流域土地利用/覆被变化驱动因素的基础上,将各种驱动指标加以组合、归纳。考虑到资料的可获得性和可靠性,将其分为 4 个大类和 31 个变量指标(表 3-8),即自然因素(气候条件等)、经济因素(GDP、各产业产值等)、社会因素(农业人口比例、消费水平、政策制度等)以及技术因素(化肥使用量、农作物播种面积等),建立驱动因素指标体系。该指标体系各种驱动因素是从宏观上概括的,各驱动力因素都包含具体的变量,各变量的数据年限为 1961—2005 年,数据主要来源于《丰宁满族自治县统计年鉴》(河北省丰宁县统计局,2006)和《滦平县国民经济和社会发展统计资料》(河北省滦平县统计局,2006)。

表 3-8 LUCC 驱动因素系统指标体系

驱动因素分类	变量分类	变量指标
自然因素	气候	年平均气温(℃)
		降水量(mm)
经济因素	经济发展/元	GDP(万元)
		人均 GDP
		农民人均收入
	经济结构/(%)	第一产业产值比例
		第二产业产值比例
		第三产业产值比例
		种植业总产值/农林牧渔总产值
		牧业总产值/农林牧渔总产值
		林业总产值/农林牧渔总产值
社会因素	人口	总人口(万人)
		出生率(‰)
		死亡率(‰)
		人口密度(人/km^2)
		非农业人口(万人)
		农业人口(万人)
		$\frac{\text{农业人口}}{\text{总人口}}$/(%)
	消费水平/10^4 t	肉类产量
		禽蛋产量
		水果产量
	其他经济和政策/(10^4 hm^2)	粮食播种面积
		粮食产量(10^4 t)
		有效灌溉面积
		林地面积
		水平梯田面积
技术因素	科学技术进步	化肥使用量(10^4 t)
		耕地面积(10^4 hm^2)
		农作物播种面积(10^4 hm^2)
		大牲畜总头数(万头)
		小牲畜总头数(万头)

3.3.3 流域土地利用/覆被变化的驱动力分析

根据潮河流域实际情况以及所有资料，选择1961—2005年序列资料为基础数据，在这31个因子中存在着不同程度的相关性：如人口密度与总人口之间的相关系数为1；非农业人口和GDP之间的相关系数达到0.972；非农业人口与人均GDP之间的相关系数为0.971；总人口与肉类产量的相关系数达到0.938。而农业人口/总人口与非农业人口之间存在很大的负相关，相关系数为－1；农业人口/总人口与GDP之间也存在较大的负相关，相关系数为－0.969。

由于上述指标体系中多个指标之间具有一定的相关关系，所以本文运用主成分分析法，对所有驱动因素进行提取和筛选，在各个指标之间相关关系分析的基础上，用较少的新指标代替原来较多的指标，而且使这些较少的新指标，尽可能多地保留原来较多的指标所反映的信息。通过分析驱动因子的载荷系数，评价它们对土地利用/覆被变化过程中驱动作用的权重，即相对重要性。具体分析过程如下：

首先，将表3-8中的原始数据作标准化处理，然后计算其相关系数矩阵。

其次，由相关系数矩阵计算特征值，以及各主成分的贡献率(表3-9)。由表3-9可知，第一主成分的贡献率为58.820%，第二成分的贡献率为11.720%，第三主成分的贡献率为7.739%，第四主成分的贡献率为4.581%，第五主成分贡献率为3.821%。前5个主成分的累计贡献率达到86.681%，达到了分析要求，因而只需要提取前5个因子，即潮河流域土地利用/覆被变化的驱动力因素基本上可以由这5个主成分反映。

表3-9 驱动因素特征值及主成分贡献率

主成分	特征值	贡献率	累计贡献率
1	18.234	58.820	58.820
2	3.633	11.720	70.540
3	2.399	7.739	78.279

(续表)

主成分	特征值	贡献率	累计贡献率
4	1.420	4.581	82.861
5	1.184	3.821	86.681
6	0.999	3.056	89.738
⋮	⋮	⋮	⋮
32	−6.985E-16	−2.253E-15	100.000

再次，对于主成分的特征值$\lambda_1=18.234$，$\lambda_2=3.633$，$\lambda_3=2.399$，$\lambda_4=1.420$，$\lambda_5=1.184$分别求出其特征向量，再计算各个变量在5个主成分中的载荷，得到驱动因子主成分载荷旋转矩阵(表3-10)。

表3-10 驱动因子主成分载荷旋转矩阵

驱动因子	第一主成分	第二主成分	第三主成分	第四主成分	第五主成分
年平均气温/℃	0.233	0.658	0.131	0.166	−0.008
降水量/mm	−0.350	−0.221	0.561	0.059	0.119
GDP/万元	0.976	−0.124	0.029	0.079	0.015
人均GDP/元	0.975	−0.115	0.042	0.082	0.020
农民人均收入/元	0.823	0.369	0.300	0.148	−0.043
第一产业产值比例/(%)	−0.919	−0.316	0.068	−0.016	−0.069
第二产业产值比例/(%)	0.954	−0.034	0.090	0.063	0.028
第三产业产值比例/(%)	0.634	0.618	−0.225	−0.039	0.096
$\frac{种植总产值}{农林牧渔总产值}$/(%)	−0.687	0.170	0.496	0.272	0.208
$\frac{牧业总产值}{农林牧渔总产值}$/(%)	0.830	−0.164	0.074	−0.379	0.069
$\frac{林业总产值}{农林牧渔总产值}$/(%)	−0.004	0.393	−0.556	0.465	−0.178
总人口/万人	0.967	0.159	−0.036	−0.065	−0.028
出生率/(‰)	−0.521	−0.518	−0.077	0.461	−0.008
死亡率/(‰)	0.529	−0.635	0.047	0.266	−0.266
人口密度/(人/km^2)	0.967	0.159	−0.036	−0.065	−0.028
非农业人口/万人	0.944	−0.264	−0.049	0.070	0.115
农业人口/万人	−0.382	0.790	0.042	−0.247	−0.279
$\frac{农业人口}{总人口}$/(%)	−0.937	0.280	0.039	−0.078	−0.129
肉类产量/(10^4 t)	0.955	0.145	0.066	0.046	−0.143
禽蛋产量/(10^4 t)	0.959	−0.031	−0.150	0.068	0.021

（续表）

驱动因子	第一主成分	第二主成分	第三主成分	第四主成分	第五主成分
水果产量/(10^4 t)	0.693	0.516	0.397	0.177	−0.008
粮食播种面积/(10^4 hm^2)	−0.822	0.301	0.100	0.002	−0.088
粮食产量/(10^4 t)	−0.022	−0.107	0.938	0.134	−0.005
有效灌溉面积/(10^4 hm^2)	0.907	−0.246	0.027	−0.049	−0.045
林地面积/(10^4 hm^2)	0.982	0.092	−0.014	−0.079	0.059
水平梯田面积/(10^4 hm^2)	0.908	−0.223	0.156	0.012	0.084
化肥使用量/(10^4 t)	0.851	0.128	0.188	−0.067	−0.262
耕地面积/(10^4 hm^2)	0.200	0.288	−0.243	0.647	0.334
农作物播种面积/(10^4 hm^2)	−0.819	0.382	0.272	0.080	0.046
大牲畜总头数/头	0.213	0.176	−0.018	−0.223	0.790
小牲畜总头数/头	0.860	0.116	0.259	0.082	−0.215

主成分载荷旋转矩阵反映的是主成分与原始变量之间的相关关系。载荷系数越大，说明因素对变量的影响越大。从表3-10可以看出，与第一主成分相关性较大的驱动因子主要有林地面积、GDP、人均GDP、总人口、人口密度、禽蛋产量、肉类产量、第二产业产值比例、非农业人口、农业人口/总人口、第一产业产值比例、水平梯田面积、有效灌溉面积，载荷系数均在0.9之上；其中林地面积与第一主成分的载荷系数最大，达到了0.982；而农业人口/总人口、第一产业产值比例与之则有较大的负相关，主要反映了政策、经济和人口因子对土地利用/覆被变化的影响。与第二主成分相关性最大的是农业人口，载荷系数为0.790，年平均气温也与第二主成分有较大的相关性，人口死亡率则与之有较大的负相关，载荷系数为−0.635，主要反映了人口因子对土地利用/覆被变化的影响。与第三主成分相关性较大的驱动因素主要是粮食产量，载荷系数为0.938，反映了社会因素对土地利用/覆被变化的影响。与第四主成分相关性较大的驱动因子主要有耕地面积，载荷系数为0.647。与第五主成分相关性较大的驱动因子主要是大牲畜头数，载荷系数为0.790。体现了技术因素对土地利用/覆被变化的影响。

将上述分析出的主载荷因子归纳为经济发展和人口增长、农业产业结构调整和科技水平、政策制度、自然条件变化几个方面，并且从载荷系数的大小可得,政策制度、经济社会的发展、人口增长、科技水平提高是影响流域土地利用/覆被变化的主要驱动力。

(一) 土地利用/覆被变化的自然驱动

在短时间尺度内气候等自然因素对土地利用/覆被变化的影响并不明显,但在长时间尺度上影响比较显著。在上述主成分分析中,年平均气温与第二主成分有较大的相关性,载荷系数为0.658,对潮河流域年气温的多年变化趋势进行分析发现,1961—2005年流域内气温呈显著增加趋势;降水量与第三主成分有较大的相关性,载荷系数为0.561,对潮河流域年降水量的多年变化趋势进行分析发现,1961—2005年流域的年降水量略有减少趋势。在一定程度上对流域的土地利用/覆被变化产生了影响。

(二) 土地利用/覆被变化的政策制度驱动

在社会因素中,国家的方针政策对土地利用/覆被变化起着主导作用。潮河流域紧邻北京,位于京津的上风头、上水头,距京津的直线距离200多千米,属于同一个生态圈。潮河流域既是京津的天然生态屏障,也是其重要的水源地,因此潮河流域的生态建设和水资源状况直接影响到京津塘地区的供水保证率、饮水安全以及经济社会可持续发展(宋秀清,2006)。20世纪80年代以来,潮河流域的生态修复和水资源保护一直都是该区域的一项重要工作,国家和地方政府也在潮河流域开展了大规模的水土保持综合措施,投入了大量的人力以及财力来治理潮河流域,使潮河流域坡面植被覆盖度提高到了70%以上,森林覆盖率达到42.1%,退耕坡地100万亩,生态环境明显改善(宋秀清,2006)。在上述主成分分析中,林地面积和水平梯田面积与第一主成分呈现较大的正相关,潮河流域的林地面积由1961年的12.87×10^4 hm^2增加到了2005年的38.7×10^4 hm^2,水平梯田面积由1300 hm^2增加到了5700 hm^2。政策引导下的林地大面积增加直接导致了潮河流域的土地利用/覆被变化。

(三) 土地利用/覆被变化的经济发展驱动

在上述主成分分析中,GDP、人均GDP、第二产业产值比例、第一产业产值比例、牧业总产值/农林牧渔总产值、农民人均收入等都是构成第一主成分的主要因子，这说明经济发展对土地利用/覆被变化也起着重要的驱动作用。1978年潮河流域的GDP为4433.81万元，2005年为247291.3万元，增加了54.8倍；人均GDP也由164.2元增加到了7661.4元，增加了45.7倍。

（四）土地利用/覆被变化的人口增长驱动

人口作为一种持续的外界压力，对土地利用/覆被变化起着十分重要的作用。通过第一主成分分析，总人口、人口密度、非农业人口、农业人口/总人口与之具有较大的正相关；通过第二主成分分析，农业人口与之呈最大的正相关。潮河流域1961年总人口为19.13万人，其中农业人口有18.36万人；2005年潮河流域总人口32.28万人，其中农业人口有24.56万人，在总人口中的比例从95.97%降到了76.1%。人口总数与人口结构都发生了很大变化，非农业人口的增加推动了城市化的进程，带来了各类建设用地的扩张，导致流域土地利用类型结构及空间分布的变化。

（五）土地利用/覆被变化的农业结构调整和科技进步驱动

在第一主成分中，有效灌溉面积、小牲畜头数、化肥施用量、牧业总产值/农林牧渔总产值与之有较大的正相关，而粮食播种面积、农作物播种面积与之有较大的负相关；在第三主成分中，粮食产量与之有较大的正相关；在第四主成分中，耕地面积与之有较大的正相关。在第五主成分中，大牲畜头数与之有较大的正相关。1961—2005年，种植业总产值在农林牧渔总产值中所占的比例在不断下降，而林业总产值、牧业总产值在农林牧渔总产值中所占的比例在不断升高，粮食播种面积从3.58×10^4 hm^2减少到了2.39×10^4 hm^2，而粮食产量则由1961年的7.21 t增加到了2005年的10.1 t。农业结构的调整和农业技术的进步，正逐步实现农业产业结构的优化调整，农业内部结构优化调整促进了农林牧渔业的全面发展，也引起了土地利用/覆被的较大变化。

第4章 流域水文特征变化及影响因子分析

影响流域径流量变化的因素主要是气候因素、流域下垫面因素和人类活动因素(黄锡荃等,2003)。气候因素主要包括降水、蒸发、气温、湿度、风和太阳辐射等,其中降水是产生径流的重要因素,径流过程通常是由流域降水过程转换而来,降水和蒸发的总量、时空分布、变化特性直接影响径流组成和变化;气温、湿度、风和太阳辐射通过影响蒸发、水汽输送和降水而间接影响径流。流域的地理位置、地质地形特征、植被特征等下垫面因素对径流的发生和分配也起着重要作用。人类活动可通过大量引水直接影响流域径流量,或者通过影响径流产生与汇集的下垫面条件(主要是蓄水工程修建、水土保持生态建设等土地利用活动)间接影响流域径流量。

本章基于潮河流域内的气象资料和水文资料,利用时间序列对比法分析了1961—2005年该流域年径流、降水、气温变化特征和变化趋势。基于统计数据并结合野外调查,对流域水利工程的空间分布和发展程度、流域用水量状况及水土保持措施的变化趋势进行了研究,定量评估了气候变化和人类活动因素对径流变化的影响,揭示了流域径流变化的成因,为定量评估流域水土保持措施对年径流量的影响程度奠定基础。

4.1 流域径流特征及变化趋势分析

4.1.1 径流的年内变化特征

流域径流的年内分配主要受降水的影响。为分析潮河流域降水、径流的年内分配,将流域1961—2005年间的45年平均月降水量、平均月径流量绘制成图。由图 4-1 可见,全年降水量的 80%集中在汛期(6—9月)。多年平均月降水量最大值出现在 7 月份,占多年平均降水量的 29.8%,其次是 8 月、6 月和 9 月。降水的年内分配不均导致径流在年内分配也不均匀。多年平均月径流量最大值出现在 8 月份,占多年平均径流量的 32.6%;其次是 7 月、9 月和 10 月,7—10 月径流量约占年径流量的 73.6%,年内分配比较集中。汛期降水量是径流量的主要来源。

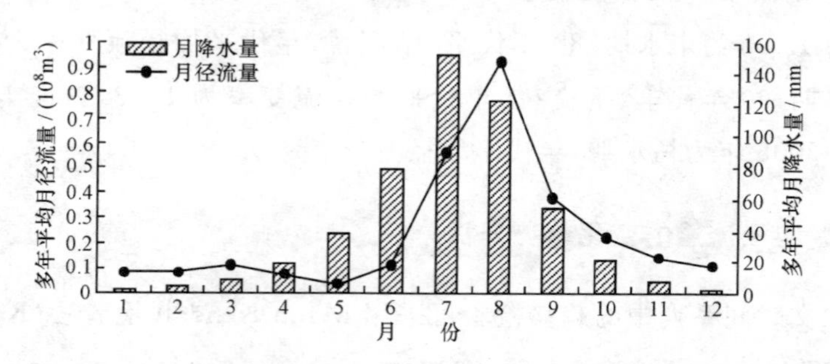

图 4-1　潮河流域多年平均月降水量、多年平均月径流量分布

4.1.2　径流的年际变化特征

反映年径流量年际变化幅度的特征值主要是年径流量的变差系数 C_v 值和年径流量的年际极值比(黄锡荃等,2003)。年径流量的变差系数是年径流量的标准差与均值的比,它可以反映历年径流量对多年平均值相对离散程度的大小:C_v 值大,年径流量的年际变化剧烈,这对水资源的利用不利,而且易发生洪涝灾害;C_v 值小,则年径流量的年际变化小,有利于径流资源的利用。年径流量的年际极值比是年径流量年际变化的绝对值比例,即多年最大年径流量与多年最小年径流量的比值。

以密云水库以上潮河流域入库控制站下会站(1976 年以前为辛庄站)1961—2005 年的逐年实测径流量作为流域年径流量,流域多年平均年径流量为 2.72×10^8 m^3,多年平均流量为 8.61 m^3/s,多年平均年径流深为 49.44 mm。由于流域汇流面积较小,年径流量的变差系数 C_v 值较大,约为 0.65。最大年径流量 8.87×10^8 m^3,发生在 1973 年;最小年径流量 0.59×10^8 m^3,发生在 2000 年。年际极值比达到 15.14 倍,年径流的年际变化很大，这对水资源的开发利用极为不利。

河流各年年径流量的丰、枯情况，可按照一定保证率(P)的年径流标准划分：通常以$P<25\%$为丰水年；$25\%<P<75\%$为平水年；$P>75\%$为枯水年；$P>95\%$为特枯水年（黄锡荃等，2003）。根据此标准对潮河1961—2005年进行丰、平、枯水年的划分，划分结果表明：20世纪60年代为平水期，年代平均径流变率为1.01；70年代丰、平交替，年代平均径流变率为1.28，为丰水期；80年代平、枯交替，年代平均径流变率为0.76，为枯水期；90年代丰、平交替，年代平均径流变率为1.13，为偏丰水期；2001—2005年为枯水期，年代平均径流变率为0.65。

4.1.3 年径流量的变化趋势分析

水文时间系列中的趋势检验可采用Mann-Kendall检验法（Kendall，1975；Maidment，1992；张菲等，2006）。

Mann-Kendall法的统计量τ和标准化变量M的计算公式为

$$\tau=\frac{4P}{n(n-1)}-1 \tag{4-1}$$

$$\mathrm{Var}(\tau)=\frac{2(2n+9)}{9n(n-1)} \tag{4-2}$$

$$M=\frac{\tau}{\sqrt{\mathrm{Var}(\tau)}} \tag{4-3}$$

式中：P为水文系列$x_1,x_2,\cdots,x_n$中所有对偶观测值($x_i,x_j,i<j,j>1$)中$x_i<x_j$出现的次数，n为系列长度。在Kendall秩次相关分析中，取显著性水平$\alpha=0.05$，则Kendall标准化变量M相应的检验临界值$M_\alpha=1.96$。如果$|M|>M_\alpha$，且$M>0$，则表示研究序列有明显的增加趋势；相反，若$M<0$，则序列有明显的减小趋势。M的符号代表趋向。

根据潮河流域1961—2005年的实测径流资料，计算得年径流的肯德尔标准化变量$M_R=-2.34$。取显著性水平$\alpha=0.05$，则相应的检验临界值$M_\alpha=1.96$。由于$|M_R|>M_\alpha$，所以潮河流域径流量下降的趋势相当明显。

为了更好地表征长时间序列年径流的变化，将潮河流域的年径流量随时间的变化点绘于图 4-2，并做出相应的线性趋势线和给出相应的趋势线方程。把 1961—2005 年的径流资料划分为 1961—1970 年、1971—1980 年、1981—1990 年、1991—2000 年和 2001—2005 年，基本以 10 年为一个代际来分析其变化趋势。

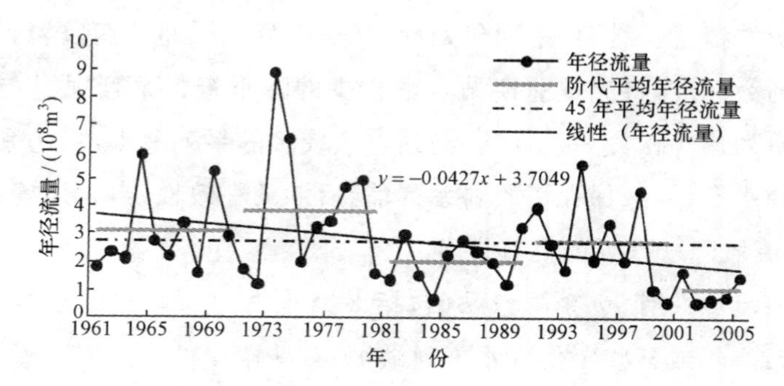

图 4-2 潮河流域年径流量的时间变化

由图 4-2 可见，自 20 世纪 60 年代以来，潮河流域径流量呈明显减少趋势。1981—1990 年和 2000—2005 年是流域径流量较少的年代，1991—2000 年虽然水量较多，稍高于流域多年平均年径流量，远不及 1961—1970 年和 1971—1980 年的径流量大。1961—1970 年、1971—1980 年、1981—1990 年、1991—2000 年、2001—2005 年各时段的流域年径流量平均值分别为 3.05、3.85、2.06、2.77、1.04（$\times 10^8$ m^3），1991—2000 年的流域径流量平均值为 1961—1970 年的 90.9%，减少幅度较大。

4.2 流域气候变化对径流的影响

在径流形成过程中，气候因子是最为主要的影响因子。流域的气候要素主要包括降水、气温、蒸发等。降水是径流产生的源泉，直接影响径流的变化。而气温可通过影响降水和蒸发而间接影响径流。而且，流域的下垫面特征，如植被、土壤以及地貌条件都带有鲜明的气候特征，气候通过对下垫面的控制作用也间接影响了流域的径流过程。

4.2.1 流域降水变化对径流的影响

(一) 流域降水资料的系列化处理

降水是径流过程的驱动因素,是影响流域径流变化最本质、最重要的因素,对雨量资料是否合理利用和处理直接影响到对流域降水-径流关系定量分析的精度。所谓“系列化处理”就是以流域后期站点数较多的降水资料系列为标准,将流域前期站点数较少的降水资料系列通过与站点数较多的系列建立相关关系,统一到站点数较多的系列上来,目的是既充分利用了降水资料,又保证了资料系列前、后期的一致性(冉大川等,2000)。

1. 流域降水系列的插补展延

潮河流域共有 17 个雨量站(包括 3 个水文站),雨量站较少,有些雨量站在某一年或某些年份降水资料缺测;有些雨量站建站时间较晚,实测降水资料序列相对较短(表 4-1)。

表 4-1 潮河流域雨量站及其控制权重

站名	经度/(°)	纬度/(°)	建站时间	已有数据年份	权重/(%)
小坝子	116.37	41.45	1953	1961—1968,1972—2005	6.09
窟窿山	116.33	41.38	1984	1985—2005	6.42
老虎沟门	116.55	41.53	1984	1985—2005	5.47
上黄旗	116.67	41.45	1941	1961—1968,1972—2005	5.22
土城子	116.60	41.30	1964	1965—1968,1972—2005	5.81
五道营	116.42	41.25	1973	1974—2005	4.69
南辛营	116.60	41.12	1966	1972—2005	3.78
南关	116.77	41.25	1966	1972—2005	8.05
石人沟	117.02	41.07	1952	1962—1968,1972—2005	12.95
安纯沟门	117.20	40.87	1959	1963—1968,1972—2005	8.28
石坡子	116.82	40.90	1959	1961—1968,1972—2005	7.33
虎什哈	116.97	40.88	1959	1963—2005	7.03
两间房	117.38	40.73	1959	1963—1968,1972—2005	5.88
古北口	117.12	40.65	1923	1964—1991	1.06
大阁	116.68	41.18	1923	1961—2005	4.78
戴营	117.10	40.75	1951	1961—2005	5.16
下会*	117.17	40.62	1976	1961—1991	1.99

*注:下会站 1961—1975 年采用辛庄站的降水数据。

为了保证降水资料系列的一致性和完整性,以减少或消除因雨量站代表性欠佳而带来的偏差,必须利用相关性较好的雨量站的长资料系列值进行插补、展延。

应用SPSS软件对潮河流域14个雨量站、3个水文站以及2个气象站(丰宁站、滦平站)1961—2005年的年降水量数据进行相关性分析后,选取相关系数高且具有相对完整降水资料系列的站,与需要插补降水资料的站建立线性回归方程,对某个或某些年份缺失的雨量资料进行了插补、展延(表4-2)。

表4-2 潮河流域雨量站插补、展延情况

参证站名	插补站名	线性回归方程	相关系数
丰宁	小坝子	$y=0.736\,x+53.849$	0.768
小坝子	窟窿山	$y=0.853\,x+71.342$	0.846
小坝子	土城子	$y=0.967\,x+48.726$	0.869
土城子	老虎沟门	$y=0.927\,x+94.592$	0.823
丰宁	上黄旗	$y=0.724\,x+128.651$	0.732
丰宁	五道营	$y=0.881\,x+53.97$	0.857
丰宁	南辛营	$y=0.959\,x+35.038$	0.906
丰宁	南关	$y=\ x+35.038$	0.841
滦平	石人沟	$y=0.701\,x+111.651$	0.808
滦平	安纯沟门	$y=0.915\,x+30.84$	0.925
虎什哈	石坡子	$y=0.683\,x+153.785$	0.799
戴营	虎什哈	$y=0.715\,x+83.294$	0.864
戴营	两间房	$y=0.741\,x+140.338$	0.825
戴营	古北口	$y=0.836\,x+117.143$	0.841
戴营	下会	$y=0.755\,x+177.405$	0.771

经检验,所选插补站降水量与需插补站降水量之间的皮尔逊相关系数较高,均在0.01水平上显著,F分布的显著性概率为$0.000<0.001$,说明所建线性回归模型回归效果极为显著。

2. 流域面降水的计算

雨量站的实际观测值只能代表站点小范围内的降水量,将这些站点上同一时段内实测的降水信息外推到整个研究区域常用的方法有算术平均法、泰森多边形法和等雨量线法等(黄锡荃等,2003)。由于潮河流域雨量站分布不太均匀,在此采用泰森多边形方法来计算流域面雨量。

泰森多边形法又叫垂直平分法或加权平均法。该方法用临近站点的观测值来粗略表示估计点的值,站点的代表区域一般呈包围该站点的多边形。具体计算方法为:首先求得各雨量站的面积权重系数,然后用各站点降水量与该站所占面积权重相乘后累加,即得流域面雨量。

雨量站权重数的求法是将流域内各相邻雨量站用直线相连,作各连线的垂直平分线,这些平分线相交,把流域划分为若干个多边形,每个多边形内都有且仅有一个雨量站。设每个雨量站都以其所在的多边形为控制面积 Δa,全流域的面积为 A,某个雨量站的控制权重为

$$f_i = \frac{\Delta a_i}{A} \tag{4-4}$$

流域面雨量的计算方法为

$$\bar{P} = f_1 P_1 + f_2 P_2 + \cdots + f_n P_n \tag{4-5}$$

式中:$f_1, f_2, \cdots, f_n$ 分别为各雨量站用多边形面积计算的权重数;$P_1, P_2, \cdots, P_n$ 为各测站同时期降雨量,$\bar{P}$ 为流域面雨量。

ARC/INFO 中的 Thiessen 命令可以测量每一栅格单元到最近雨量站的直线距离,在最邻近分析的基础上识别哪些单元归属于哪一个雨量站,根据流域内的雨量站点的分布情况生成泰森多边形(图 4-3)。由此可计算出每个雨量站点所控制的面积,该面积占流域总面积的比例即为该雨量站点的权重值。潮河流域 17 个雨量站点(包括 3 个水文站)的控制权重见表 4-1。

(二) 流域降水特征及变化趋势分析

1. 降水的年际变化特征

潮河流域 1961—2005 年多年平均年降水量为 494 mm,年降水量的变差系数 C_v 值约为 0.18。最大年降水量为 725 mm,发生在 1973 年;最小年降水量为 346 mm,发生在 2002 年。年际极值比达到 2.1 倍,年降水

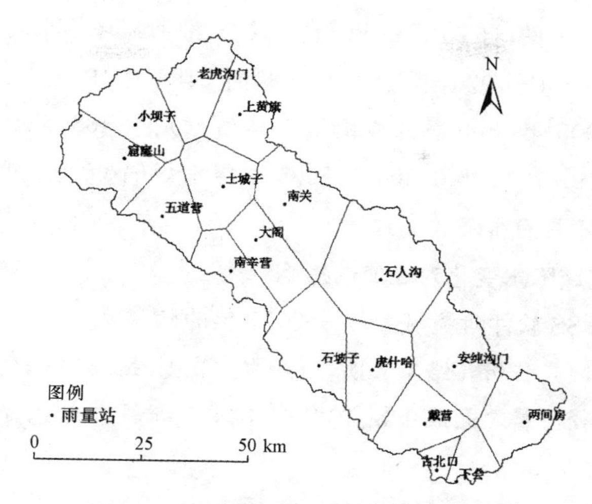

图 4-3 潮河流域雨量站分布及控制范围

的年际变化较大。

2. 年降水量的变化趋势分析

根据潮河流域 1961—2005 年的降水资料，计算得年降水的肯德尔标准化变量 $M_P = -0.09$。取显著性水平 $\alpha = 0.05$，则相应的检验临界值 $M_\alpha = 1.96$。由于 $|M_P| \ll M_\alpha$，所以潮河流域降水量下降的趋势不明显。

为了更好地表征长时间序列年降水的变化，将潮河流域的面平均年降水量（面雨量）随时间的变化点绘于图 4-4，并做出相应的线性趋势线、给出相应的趋势线方程。

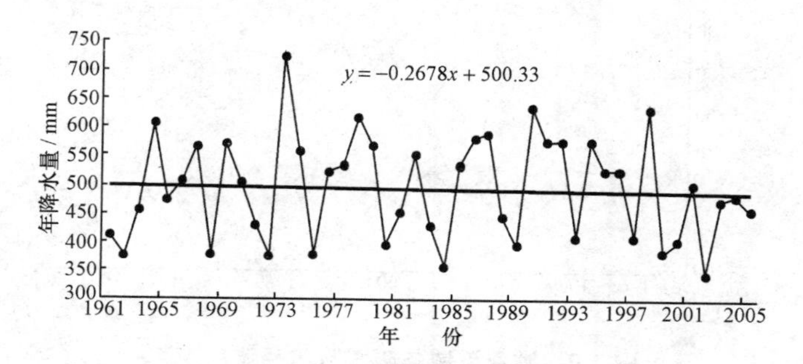

图 4-4 潮河流域面雨量的时间变化

由图4-4可见，自20世纪60年代以来，潮河流域年平均面雨量略有减少趋势。1961—1970年、1971—1980年、1981—1990年、1991—2000年、2001—2005年，各时段的面雨量平均值分别为486、511、498、502和453 mm，1961—1970年和2001—2005年降水量偏少。这和流域径流的变化趋势并不具有很强的一致性。

(三) 流域降水变化对径流的影响

利用SPSS软件对流域1961—2005年的年降水量和年径流量进行相关分析和回归分析。结果表明，以降水为主要补给来源的潮河流域，流域降水量与径流量之间成正相关，相关系数在0.01水平上存在着显著的相关性(表4-3)。

表4-3 流域降水量与径流量、气温与径流量之间的相关关系

因　子	相关方程	相关系数	样本数	显著性水平
降水(x)-径流(y)	$y=0.0155x-4.9622$	$R^2=0.6381$	$N=45$	$P<0.01$
气温(x)-径流(y)	$y=-0.6711x+7.7399$	$R^2=0.0556$	$N=45$	无

对流域对流域1961—2005年的年降水变率和年径流变率进行分析，年径流存在明显的年际波动性，与降水量的年际波动性趋势基本一致。但年径流在年际间的波动幅度大于年降水的波动幅度(图4-5)，二者的变异系数分别为48.8%和15.6%。

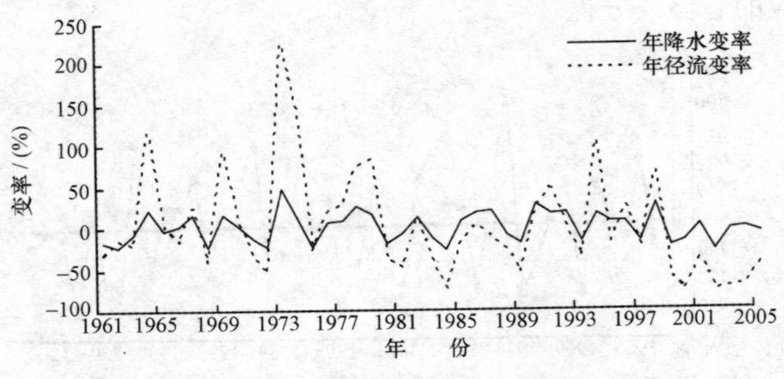

图4-5 潮河流域年降水和年径流的变率

图 4-5 清楚地显示了径流量的年际波动与降水量的年际波动并不具有很强的一致性。潮河流域降水和径流变化趋势及年际波动的非一致性，说明人类活动造成流域下垫面改变，可能对径流变化起很大作用。

4.2.2 流域气温变化对径流的影响

潮河流域内有 2 个气象站点（丰宁、滦平），周边还有 4 个气象站点（张北、张家口、怀来、承德）。利用这 6 个站点 1961—2005 年的逐年气温数据来分析该流域气温变化对径流的影响。各气象站的相关属性见表 4-4。

表 4-4 潮河流域及周边地区气象站点

台站名	站名	所属省市	经度/(°)	纬度/(°)	高程/m	建站时间
53399	张北	河北	114.70	41.15	1393.3	1989
54308	丰宁	河北	116.63	41.22	661.2	1956
54401	张家口	河北	114.88	40.78	724.2	1956
54405	怀来	河北	115.5	40.4	536.8	1954
54423	承德	河北	117.93	40.97	377.2	1951
54420	滦平	河北	117.33	40.93	535.1	1959

对潮河流域年气温的多年变化趋势进行分析发现，近 45 年流域内气温呈显著增加趋势（图 4-6）。

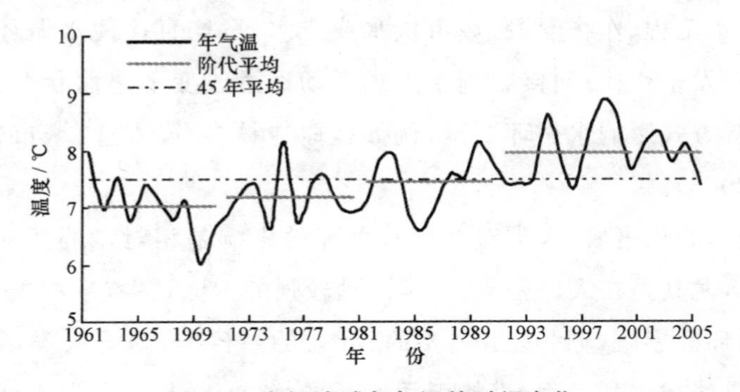

图 4-6 潮河流域年气温的时间变化

1961—2005 年间的年平均气温的升温幅度为 0.23 ℃/10 年，其中 1971—1980 年代较 1961—1970 年代升高 0.17 ℃，1981—1990 年代比 1971—1980 年代升高 0.25 ℃，1991—2000 年代又升高 0.51 ℃，2001—2005

年代比 1991—2000 年代略降 0.002 ℃。对于以降水补给为主的半干旱半湿润地区而言,气温升高会导致流域蒸发量增加,从而导致径流量的减少。

利用 SPSS 软件对潮河流域年气温和年径流量进行相关分析和回归分析,二者之间成负相关,但相关系数很低,在 0.01 和 0.05 的水平上并不显著(表 4-3)。

河流的径流量,是流域降水和下垫面结合的产物(黄锡荃等,2003)。由上述分析可知,降水变化是造成潮河流域径流年际波动性变化的主要因素,但从总体上看,降水、气温变化不是造成年径流量显著下降的主要影响因素。流域径流量的减少在很大程度上受人类活动的影响。

由于气温的变幅较小,与降水对径流的影响程度相比,气温变化对径流变化贡献率较小。因此,本研究主要考虑气候因素中的降水因子对径流变化的影响。

4.3 流域人类活动对径流的影响

人类活动的水文水资源效应可分为直接和间接两类:直接影响是指人类活动使水循环要素的量或质、时空分布直接发生变化,如兴建水库、跨流域引水工程、作物灌溉、城市供水或排水等,均直接使水循环和水资源的量、质发生变化;间接影响指人类活动通过改变下垫面状况、局地气候,以间接方式影响水循环要素,例如植树造林、发展农业、城市化等(黄锡荃等,2003)。

从全球的尺度看,人类对全球水循环的影响是相对微弱的。但对于一定地区,尤其是在人口密集、人类活动较强的地区,在特定的季节里,人类对水循环的影响却可能是主要的、巨大的。目前,随着人类活动的加剧,特别是修建水利工程、直接引用水量的增加,以及在人类土地利用活动下导致的土地覆被等下垫面因素的变化,人类活动对水循环的影响程度也愈加深刻。

由第 3 章的分析,结合潮河流域的实际情况,本研究将该流域的人类活动分为水利化程度、工农业及生活用水量变化、土地利用/覆被变化（主要是流域水土保持生态建设）三个方面，并从这三个方面来分别分析其对流域径流变化的影响。

4.3.1　流域水利化程度对径流的影响

（一）数据来源

潮河流域1961—2005年水利工程（水库、塘坝）的数量、地理分布、建成年代、总库容量、兴利库容量、控制流域面积等数据，主要来源于相关的统计资料，如丰宁县水务局和滦平县水务局的《水利综合统计年报》、《水利年鉴》以及《丰宁满族自治县统计年鉴》（河北省丰宁县统计局，2006）、《滦平县国民经济和社会发展统计资料》（河北省滦平县统计局，2006）、《河北省水利统计年鉴》（河北省水利厅规划处，2006）等；部分来源于野外调查。

（二）流域水利工程概况

潮河流域蓄水工程主要是小型水库和塘坝。为了改善生产条件，扩大水浇地面积，丰宁县、滦平县在潮河流域的主要河道上修建了一些水库和塘坝。所建成的水库和塘坝对于调蓄洪水、保持水土、增加灌溉面积、开发水产品等方面都起到了一定的作用。

潮河流域内现有水库12座，其中小Ⅰ型水库4座，小Ⅱ型水库8座。它们大多数建于20世纪70年代，总库容量为$1015.25\times10^4\ m^3$，淤积库容量已达到$189.46\times10^4\ m^3$（占总库容量的18.66%），年均淤积模数为$42.89\,m^3/(km^2\cdot a)$。总控制流域面积为$288.71\,km^2$，占密云水库潮河入库站下会站控制流域面积的5.92%，有效灌溉面积达4650亩（见表4-5）①。由于建设中缺乏对工程质量和效益的考虑，许多水库成为病库、险库，而且实际灌溉面积达不到设计要求，影响了水利工程效益的充分发挥。

---

①　1亩$=666.\dot{6}\ m^2$。

表 4-5 潮河流域现有水库状况表

水库名称	级别	地理位置	建成年代	控制流域面积/km²	总库容/(10^4 m³)	淤积库容/(10^4 m³)	有效灌溉面积/亩
凌营	小Ⅰ型	丰宁县石人沟乡	1974	31	118.8	41	1200
木匠沟门	小Ⅱ型	丰宁县黄旗镇	1959	25	84.2	18	300
红旗营	小Ⅱ型	丰宁县天桥乡	1973	14	52.4	7	600
西山神庙	小Ⅱ型	丰宁县黑山嘴镇	1975	36	10.4	3	140
曹营子	小Ⅰ型	滦平县安纯沟门乡	1980	24	127	3.46	500
龙潭庙	小Ⅰ型	滦平县五道营子乡	1972	103	286	94.4	400
头龙潭	小Ⅰ型	滦平县火斗山乡	1975	13.7	249	12.6	850
大石棚	小Ⅱ型	滦平县两间房乡	1982	34	28.4	4.8	200
王营子	小Ⅱ型	滦平县火斗山乡	1978	1.81	17.8	1.02	200
三道沟	小Ⅱ型	滦平县火斗山乡	1983	2	15.7	1.44	100
四道梁	小Ⅱ型	滦平县付家店乡	1978	2.8	13.2	1.62	100
新房	小Ⅱ型	滦平县巴克什营镇	1980	1.4	12.35	1.12	60
		累　计		288.71	1015.25	189.46	4650

数据来源：丰宁县水务局、滦平县水务局；木匠沟门水库1976年才开始正常蓄水。

潮河流域内建有塘坝13座，基本上全部建于20世纪70年代，总容量为25.33×10^4 m³，总控制流域面积81.6 km²，有效灌溉面积达960亩(见表4-6)。由于设计标准不高或配套设施不全，大部分塘坝已经废弃。

表 4-6 潮河流域现有塘坝状况表

塘坝名称	地理位置	建成年代	控制流域面积/km²	总库容/(10^4 m³)	有效灌溉面积/亩	备　注
两间房	丰宁县南关乡	1976	25	1	50	1981年淤满后冲毁
厢黄旗	丰宁县黑山嘴镇	1971	3	1	70	1999年因无水源干枯
塔黄旗	丰宁县胡麻营乡	1971	1	1.42	0	从修建之日起就没蓄水
季栅子	丰宁县黑山嘴镇	1970	40	1.5	100	1990年坝冲毁不再蓄水
大古道	滦平县涝洼乡	1977	1	1	100	闸门坏漏水，1983年废弃
前石门	滦平县巴克什营镇	1979	0.2	1	20	有水2500m³，已废弃
窑沟	滦平县火斗山乡	1979	0.6	3.54	50	有水2000m³
八亩地	滦平县马营子乡	1970	2.5	3.7	20	闸门坏漏水，1987年废弃
杨树沟东沟	滦平县马营子乡	1978	2.4	2.9	100	有水11250m³，兼养殖
北沟	滦平县安纯沟门乡	1978	2	1.75	150	闸坏漏水，有水120m³

（续表）

塘坝名称	地理位置	建成年代	控制流域面积/km²	总库容/(10^4 m³)	有效灌溉面积/亩	备　注
马道沟	滦平县虎什哈镇	1980	0.5	4.9	100	有水 1500m³，渠道坏
二道沟	滦平县火斗山乡	1978	2.5	1.5	饮用水	有水 400m³
三道沟	滦平县付家店乡	1980	0.9	0.12	200	有水 200m³，已废弃
累　计			81.6	25.33	960	

数据来源：丰宁县水务局、滦平县水务局以及作者野外调查，野外调查时间为2006年9月中旬。

潮河流域现有水利工程分布情况如图4-7（彩图7）所示。

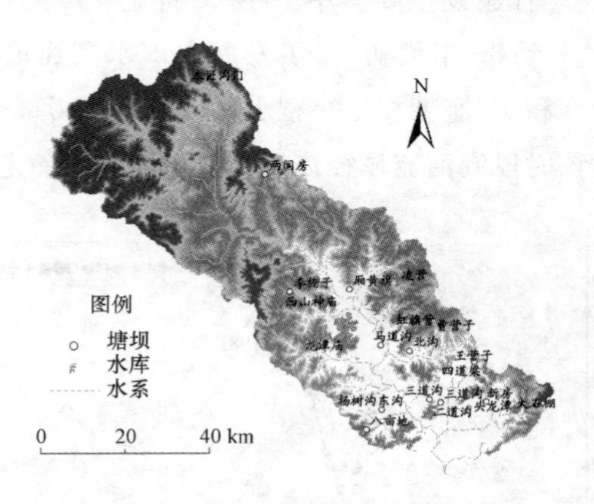

图4-7　潮河流域现有水利工程分布图

（三）流域蓄水工程库容量变化分析

1. 流域蓄水工程的发展程度

蓄水工程总库容及兴利库容是反映蓄水工程规模的重要特征值。一个区域或流域的蓄水工程总库容或兴利库容与其多年平均年径流量的比值，反映了水利工程对该区域或流域水资源的调蓄控制能力。潮河流域蓄水工程主要是小型水库和塘坝，2005年流域蓄水工程总库容 1031×10^4 m³，兴利库容 577.1×10^4 m³，分别为流域多年平均年径流量的3.8%和2.1%，远低于1993年承德市平均水平和海河流域及全国的平均水平（表4-7），蓄水工程的发展程度较低。

表 4-7 蓄水工程库容与年径流量的比值

指标/流域或区域	潮河	承德市*	海河*	淮河*	黄河*	长江*	珠江*	全国*
总库容/年径流量	0.038	0.113	1.108	0.660	0.930	0.167	0.143	0.169
兴利库容/年径流量	0.021	0.054	0.475	0.296	0.613	0.100	0.085	0.099

注：* 数据来源于《丰宁满族自治县水资源规划》和《滦平县水资源规划》。

2. 流域总库容量的变化趋势分析

图 4-8 显示了潮河流域内蓄水工程的总库容量随时间的变化。流域内大规模的水利工程建设主要集中于于 20 世纪 70 年代尤其是后半期。20 世纪 70 年代末至 80 年代初，为了发展农田水利建设，潮河流域修建了 12 座小型水库和 13 座塘坝。小型水库的修建使得部分径流被拦蓄于库内，这无疑对该时段潮河流域径流量的减少起到了一定作用。

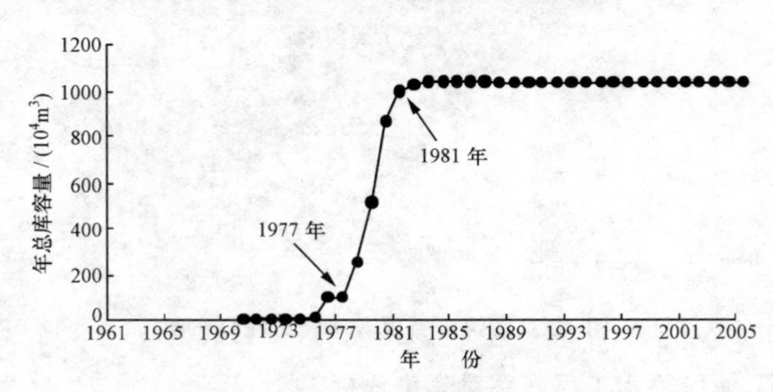

图 4-8 潮河流域总库容量的时间变化

(四) 流域蓄水工程与径流量的关系

图 4-9 点绘了潮河流域 1961—2005 年实测年径流量与蓄水工程年总库容量的关系。两者之间表现出明显的负相关，这说明随着流域蓄水工程容量的增加，部分径流被拦蓄，使潮河的年径流量减少。

4.3.2 流域用水量变化对径流的影响

(一) 数据与方法

潮河流域各乡镇 1984—2005 年的用水量（农业用水量、工业用水量和生活用水量）数据，来源于丰宁县水务局的《丰宁县水利综合统计年

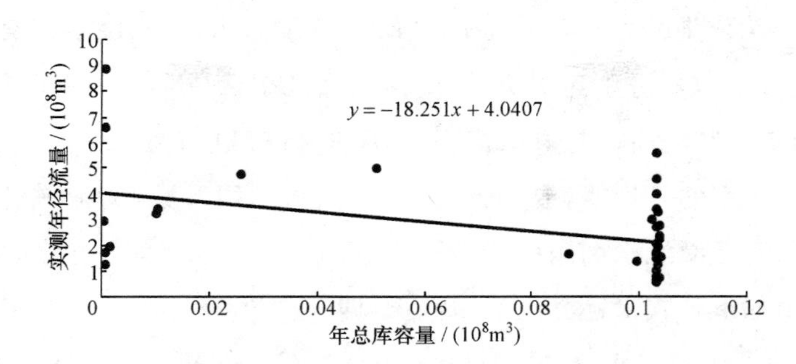

图 4-9 潮河流域年总库容量与实测年径流量的关系

报》、滦平县水务局的《滦平县水利综合统计年报》等统计报表和《河北省水利统计年鉴》(河北省水利厅规划处,2006)。

流域 1961—1983 年用水量估算中所涉及到的相应年份的有效灌溉面积(水田、水浇地面积)、农村人口和城镇人口数量、小牲畜(猪、羊)和大牲畜(牛、马、骡、驴等)数量等数据,来源于《丰宁满族自治县统计年鉴》(河北省丰宁县统计局,2006)和《滦平县国民经济和社会发展统计资料》(河北省滦平县统计局,2006);20 世纪 70 年代流域的灌溉定额和用水定额资料,来源于丰宁县水务局和滦平县水务局。

由于缺乏流域 1961—1983 年的用水量(农业用水量、工业用水量、生活用水量)数据,在此采用定额法对用水量进行估算。流域内所涉及的两县都是国家级贫困县,是典型的农业县,农业结构以种植玉米为主,工业基础很薄弱且规模小,工业用水量所占比例很小,因此只对农业用水量和生活用水量进行估算。

在对流域内潮河源灌区、黑山嘴灌区、窄岭灌区、潮河川灌区的现行灌溉制度的调查中,发现灌区灌溉管理粗放,灌溉制度及灌水方法很不科学,灌水技术落后,基本为传统的大畦、大水漫灌,灌水定额较高。虽然 80 年代承德市水务局对玉米、水稻等作物进行了灌溉试验,但由试验获取的灌溉定额明显小于实际的灌溉定额。在此,采用的计算农业用水量公式为

$$W_A=\frac{(EA_P\times Q_P+EA_{IL}\times Q_{IL})\times R_A}{\xi} \tag{4-6}$$

式中：W_A 为农业用水量（m^3）；EA_P、EA_{IL} 分别为水田、水浇地的有效灌溉面积（亩）；Q_P、Q_{IL} 分别为水田、水浇地的灌溉定额（m^3/亩）；R_A 是实际灌溉率，为实际灌溉面积与有效灌溉面积的比值，取值为1978—1985年逐年实际灌溉率的平均值，取36%；ξ 是灌溉水利用系数，为流域各灌区现行灌溉制度下灌溉水利用系数的平均值，取0.56。

采用如下公式来计算生活用水量，即

$$W_D = (N_U \times Q_U + N_R \times Q_R + N_{SL} \times Q_{SL} + N_{LL} \times Q_{LL}) \times 365 \tag{4-7}$$

式中：W_D 为生活用水量（L）；N_U、N_R 分别为城镇和农村人口数量（人）；Q_U、Q_R 分别为城镇和农村生活用水定额（L/人·d）；N_{SL}、N_{LL} 分别为小牲畜（猪、羊）和大牲畜（牛、马、骡、驴等）数量（头）；Q_{SL}、Q_{LL} 分别为小牲畜（猪、羊）和大牲畜（牛、马、骡、驴等）用水定额（L/头·d）。

公式(4-6)中的水田、水浇地的灌溉定额采用的是流域内各灌区现行灌溉制度下的20世纪90年代的实际灌溉定额；公式(4-7)中城镇、农村生活用水定额和大、小牲畜用水定额采用的是20世纪80年代的用水定额（表4-8）。

表4-8 潮河流域灌溉定额和用水定额

水田（m^3/亩）	水浇地（m^3/亩）	城镇生活（L/人·d）	农村生活（L/人·d）	大牲畜（L/头·d）	小牲畜（L/头·d）
1250	300	50	15	45	15

（二）流域用水构成分析

对流域内1984—2005年的用水量（农业用水量、工业用水量、生活用水量）数据进行分析，由于1986、1993年总用水量数据明显异常，因此予以剔除，而采用其前后年份的数据插值而成。分析表明，农业用水量、工业用水量、生活用水量分别占总用水量的90.56%、4.00%和5.44%。总用水量中取用地下水量的比例为37.56%，其中农业用水量、工业用水量、生活用水量中取用地下水量的比例分别为32.74%、99.29%、72.29%（图4-10）。

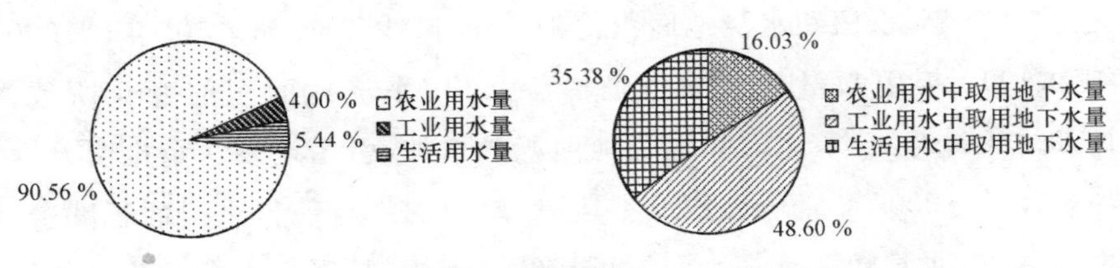

图 4-10 潮河流域用水构成

由此可见，潮河流域主要是灌溉农业区，所引用水量大部分是地表水，主要是满足农业灌溉的需求。

(三）流域用水量的变化趋势分析

为了阐明人类活动对地表水量的影响，在总用水量中扣除取用的地下水量。将流域内的用水量(农业用水量、工业用水量、生活用水量之和)随时间的变化点绘于图 4-11。

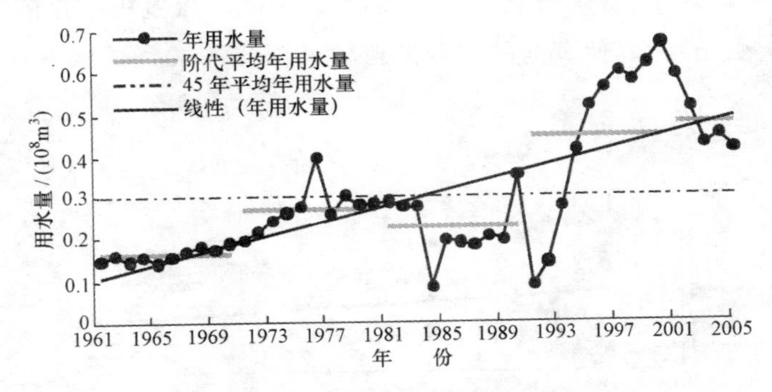

图 4-11 潮河流域用水量的时间变化

图 4-11 显示了 1961—2005 年潮河流域的农业灌溉用水量、工业用水量、生活用水量等引用地表水量呈明显增大的趋势。1961—1970 年、1971—1980 年、1981—1990 年、1991—2000 年、2001—2005 年，各时段的平均年用水量分别为 0.16、0.27、0.23、0.45、0.48($\times 10^8$ m^3)，占相应各时段平均年径流量的 5.4%、7.1%、10.9%、16.1%和 46%。除了 1981—1990 年的平均年用水量略低于 1971—1980 年的外，其余各时段的平均年用水量都是逐时段增加的。1981—1990 年，该时段内水田和水浇地面积比 1971—1980 年减少了 5.2%，因而农业灌溉引用地表水量减少。尤

其是1984年，水田和水浇地面积比1983年减少了1.63×10^{4}亩。1990年和1991年用水量的波动也是由于水田、水浇地面积的变化所致。1992—2000年，随着水田和水浇地面积的增加，引用地表水量也明显增加。2001—2005年，流域内"退稻还旱"政策的推行使得水田面积减少，再加上"21世纪初期首都水资源可持续利用规划"项目中农业节水项目的实施，使得农业灌溉引用地表水量有下降的趋势。

20世纪80年代该流域人类用水量达天然径流量（实测径流量与用水量之和）的9.86%，20世纪90年代则达13.88%，2001—2005年达到31.52%。

（四）流域用水量与径流量的关系

图4-12点绘了潮河流域1961—2005年实测年径流量与年用水量的关系。两者之间表现出明显的负相关，这说明随着流域用水量的增加，部分径流被引出河道，使潮河的年径流量减少。

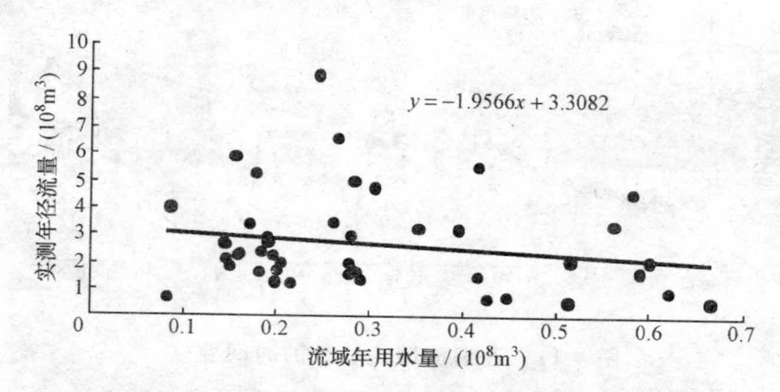

图4-12 潮河流域年用水量与实测年径流量的关系

4.3.3 流域水土保持措施变化对径流的影响

（一）数据与方法

1. 水土保持措施基本资料的来源

潮河流域各乡镇1961—2005年逐年造林面积、修建梯田面积等水土保持措施面积数据，来源于在丰宁、滦平两县实地调研中所获取的水土保持措施年度统计资料和报表、《水土保持项目区年度验收工作报告》、

《水土保持项目区治理工程监测报告》、《水土保持工作年度总结》、《水土保持规划》、土地详查资料、土地面积变更调查资料、《土地利用总体规划》资料、《水利综合统计年报》、《水利年鉴》以及其他相关的统计资料。

2. 水土保持措施数据的获取与处理

通过对水土保持措施相关资料的分析及野外调查，发现潮河流域山地面积大，水土保持措施主要以造林为主，草地主要是天然的荒草坡，人工草地面积极少；工程措施主要是土坎水平梯田和谷坊（图 4-13，彩图 8），梯田大部分是土坎水平梯田，谷坊多为土谷坊和干砌石谷坊，透水性大，修建谷坊的目的是拦蓄泥沙，对径流的影响较小。因此，对水土保持措施面积的统计中只考虑林地面积和水平梯田面积。

图 4-13　潮河流域的水平梯田和石谷坊

本研究中所用水土保持措施数据主要是统计数据。统计资料是分析流域逐年水土保持措施工程量的基础,它可以反映各年代措施开展情况、历年变化趋势等,能比较全面地反映水土保持治理的变化过程。

由于流域内没有有关各项水土保持措施的保存率方面的调查和统计资料,因而各项水土保持措施治理后的保存面积就无法直接获取。在此,作者采用与当地有经验的水土保持工作者、乡镇以及村干部、农民访谈为主,野外小面积调查验证为辅的方法,再辅以流域水土保持项目区造林成活率抽样调查结果和梯田验收结果(表4-9)。考虑到由于后期管护不当和管理措施不配套所导致的造林面积还要毁坏一部分(约占15%),最后确定林地保存率为40%,水平梯田的完好率即为水平梯田的保存率,为90%。假定各年代水土保持措施的保存率是不变的,林地(或水平梯田)保存面积可由其治理面积乘以保存率而计算得到。

林地面积的统计中包括水利部门的造林保存面积和林业部门的造林保存面积以及流域内天然林地面积三部分之和。

表4-9 水土保持项目区2003—2004年造林成活率抽样调查结果和梯田验收结果

措施/项目区	胡麻营	新岭沟	张家沟门、土城	五道营、涝洼	平均
造林成活率/(%)	49.75	52.10	62.57	—	54.81
梯田完好率/(%)	90	90	—	90	90

数据来源:丰宁县和滦平县水务局。造林成活率调查中涉及到的树种主要有:乔木林(油松、杨树);灌木林(刺槐);经济林(山杏、大扁、梨树和板栗)。

3. 不同数据来源的水土保持措施保存面积比较

为了验证本研究中所采用的水土保持措施数据的可靠性,将所统计的流域水土保持措施数据与土地详查数据、中国科学院资源环境科学数据中心解译数据以及河北师范大学资源与环境科学学院解译的的数据进行比较(表4-10)。

表 4-10 不同来源的林草措施数据比较(万亩)

数据源	林地						水平梯田				
	1970	1980s	1990	1995	1996	2000	1970	1980	1990	2000	2005
统计数据	194	354.7	422.6	474.2	484.7	530.4	1.73	1.76	2.68	4.64	8.59
土地详查数据	—	—	452.9	—	490	—	—	—	—	—	—
中科院资源环境科学数据中心	—	364.1	—	450	—	444.4	—	—	—	—	—
河北师大资源与环境科学学院	182.7	407.6	—	—	—	400.1	—	—	—	—	—

注:表中 1980s 指的是 20 世纪 80 年代,统计数据中 1980s 林地的取值为 1985 年的值。

由表 4-10 可见,不同数据源的林地面积有所不同,但差异不大。20 世纪 90 年代的土地详查资料和土地面积变更调查资料是以各县及乡镇为单元开展的一项全面普查工作,对水土保持措施面积的核实来说,该资料具有较大的可靠性。

本研究所用的 40%保存率的流域林地面积统计数据与流域 1990 年的土地详查资料、1996 年的土地面积变更调查资料数据、中国科学院资源环境科学数据中心解译的 80 年代、1995 年和 2000 年全国 1∶10 万土地覆被数据以及河北师范大学资源与环境科学学院解译的 1970 年、80 年代和 2000 年潮白河流域 1∶10 万土地覆被数据相比较而言,差别很小,因此数据来源和处理方法还是相当可靠的。

水平梯田面积数据只能从统计数据中获取,无其他数据源作相应比较。1970 年、1980 年、1990 年、2000 年、2005 年 90%保存率的水平梯田的面积分别为 1.73、1.76、2.68、4.64、8.59×10^4 亩。

(二) 土地利用/覆被变化数据所反映的水土保持措施变化

以水土保持为目的的退耕还林、荒山造林、坡改梯等土地利用活动必将导致土地覆被的变化,而不同时段土地覆被的变化也能反映出水土保持的开展状况与变化趋势。

根据中国科学院资源环境科学数据中心解译的 80 年代中后期和 2000 年全国 1∶10 万土地覆被数据所提取的潮河流域数据(图 3-1、图 3-3),获取了两个时段不同土地利用类型占土地总面积的比例及其变化率(表 4-11)。

表 4-11 潮河流域 80 年代—2000 年土地利用变化 单位:(%)

年份	耕地	林地	草地	城乡、工矿、居民用地	水域	未利用地
80 年代	20.81	49.79	27.59	0.49	1.13	0.19
2000 年	21.52	60.77	15.82	1.16	0.48	0.25
变化率	0.71	10.98	−11.77	0.67	−0.65	0.06

数据来源:中国科学院资源环境科学数据中心解译的 80 年代和 2000 年全国 1∶10 万土地覆被数据。

流域的土地覆被从 80 年代到 2000 年期间发生了很大变化,突出表现为林地面积的快速增加和草地面积的大量减少。林地面积增加了 10.98%,草地面积减少了 11.77%。这种变化特点与该阶段以植树造林和水土保持为中心的生态建设政策相一致。这在一定程度上说明了近年来以造林为主的水土保持开展状况良好,水土保持面积呈增加的趋势。

(三)统计数据所反映的水土保持措施变化

将流域内各项水土保持措施面积随时间的变化点绘于图 4-14。

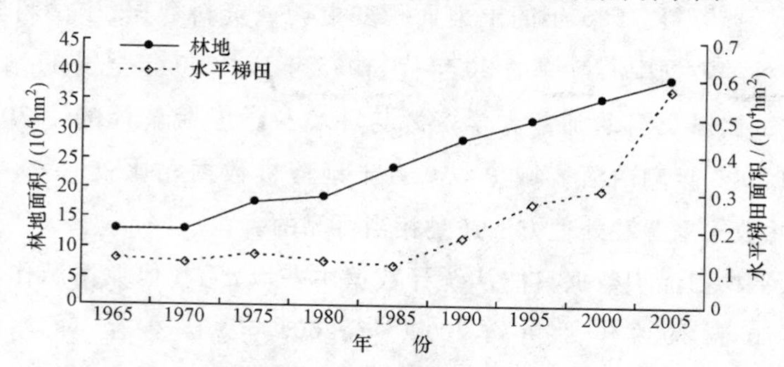

图 4-14 潮河流域水土保持措施面积的时间变化

由图 4-14 可见,流域内水土保持措施主要以林地措施为主,面积呈逐年增加趋势;水平梯田极少,面积也呈增加趋势;水土保持措施总面积呈增加趋势。截至 2005 年底,流域内累计保存下来的水土保持措施面积为 2735.69 km^2,其中造林 267 846.67 hm^2,修筑水平梯田 5726.67 hm^2。

1980 年水利部提出以小流域为单元统一规划,综合治理水土流失。国家和地方政府为防治水土流失、保护密云水库的水质,从 20 世纪 80 年代以来,潮河流域一直是我国三北防护林体系重点建设工程区和密云水库上游国家级水土保持重点治理区，流域内实施了大量的水土保持措施；林业部“退耕还林还草”政策从1998年开始推行；自2001年起，国家正式启动了“21世纪初期首都水资源可持续利用规划”项目，对潮河流域水土流失进行系统监测和重点治理。这些大规模的水土保持综合治理，使得流域水土保持措施的面积大大增加。

（四）水土保持措施面积与径流量的关系

图4-15点绘了潮河流域1961—2005年还原年径流量(实测年径流量与用水量之和)与水土保持措施面积的关系。两者之间表现出明显的负相关，这说明随着流域水土保持措施面积的增加，流域径流量呈减少的趋势。水土保持措施可对流域内的降水和径流进行拦蓄，增加入渗，截留的降水还部分消耗于蒸散发，这在一定程度上减少了流域的产水量，也减少了进入河川的径流量。此外，水土保持措施在防治水土流失、保护与改善密云水库流域生态的同时，改变了流域下垫面，也应对流域产流、汇流以及径流量的变化有一定影响。

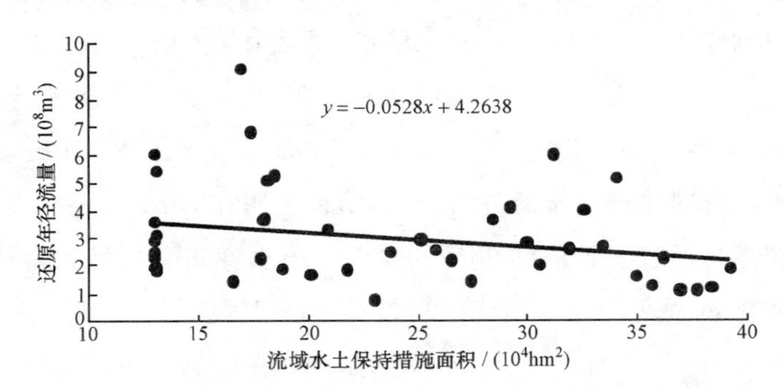

图4-15 潮河流域水土保持措施面积与还原年径流量的关系

4.4 降水变化和人类活动对流域径流影响的定量评估

4.4.1 研究方法

经验统计分析方法是评价降水变化与人类活动对河川径流量影响的

常用方法。径流的形成受降水及下垫面条件的制约，人类活动可以改变流域下垫面状况，但不可能显著改变流域降水条件。因此，可以认为降水是不受人类活动的影响的。据此，分别对人类活动影响较小时期（基准期）的降水、径流实测资料和人类活动影响显著时期（措施期）的降水、径流实测资料进行回归分析，建立两个时期的年径流量与降水量之间的经验统计模型。通过对这两个时期降水-产流关系的分析比较，区别出降水变化和人类活动对流域径流量变化的影响程度。对于人类活动影响较小时期（基准期）的降水-径流经验统计模型而言，其精度及降水资料的可靠性是该方法计算的关键（冉大川等，2000；徐建华等，2000）。

4.4.2 基准期与措施期的划分

为了评价人类活动对流域年径流量的影响，首先要划分人类活动影响较小的"基准期"和人类活动影响显著的"措施期"，然后对这两个时期的径流量进行比较。基准期和措施期的划分可通过分析流域径流演变的阶段性而判定。应用Mann-Kendall变点检测技术（Kendall，1975；Maidment，1992）对下会站45年（1961—2005年）的实测径流量进行变点分析，结果发现在1999年发生了一次径流突变；采用该法对1961—1998年这一时段的资料作进一步的分析，所得结果表明在1981年还存在一个变点。两变点均通过了置信度95%的检验。根据变点分析结果，潮河流域径流的演化过程可分为三个阶段，即1961—1980年、1981—1998年和1999—2005年：1961—1980年，流域内水利水保措施较少，引水影响相对较小；1981—1998年，流域内实施了大量的水土保持措施，建成于20世纪70年代末至80年代初的水利工程也开始发挥效益，流域引水量增加，这些人类活动因素会使径流量减少，造成了流域径流趋势性的改变；1999—2005年，水利水保措施继续发挥拦蓄径流的作用，人类大量引水，加上1999年以来连续干旱，流域内产流量也少，再次造成流域径流趋势性的改变。

上述分析结果表明，1981年以前潮河流域受人类活动的影响相对较小,故可把1961—1980年作为基准期;1981年以后人类活动的影响显著,可把1981—2005年作为措施期。

4.4.3 降水-径流经验统计模型的建立及检验

分别对基准期和措施期的年降水量数据、年径流量数据进行曲线拟合分析,两时期指数函数的复相关系数分别为0.924、0.803,显著性水平优于0.001,说明两个时期两个变量之间均存在高度显著的指数函数关系。

图4-16点绘了1961—2005年潮河流域年径流量与年降水量的关系,并给出了相应的拟合曲线和回归方程。与1961—1980年的拟合曲线相比,1981—2005年的曲线显著下降,说明在相同的降水条件下,流域径流量确实减少了。

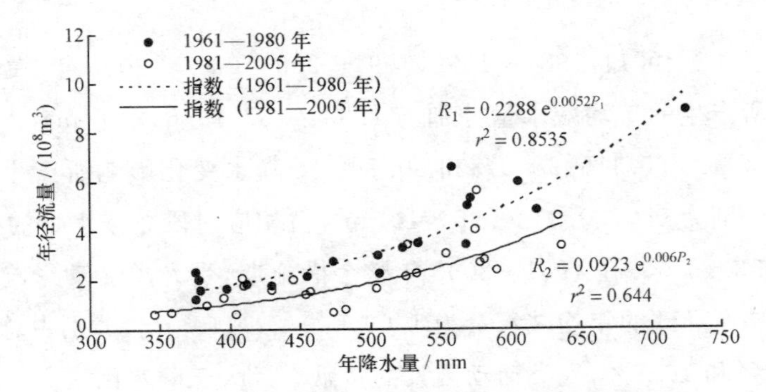

图4-16 潮河流域年径流量与年降水量的关系

相应于基准期和措施期的方程分别为

$$R_1 = 0.2288e^{0.0052P_1} \quad (r^2 = 0.8535) \tag{4-8}$$

$$R_2 = 0.0923e^{0.006P_2} \quad (r^2 = 0.644) \tag{4-9}$$

式中:R_1、R_2分别为基准期和措施期的年径流量,$10^8\ m^3$;P_1、P_2分别为基准期和措施期的年降水量,mm。

4.4.4 不同时段降水变化、人类活动对流域年径流量的影响

基准期的方程相关系数较高,故可用于估算人类活动对流域年径流

量的影响。将措施期中各年的降水量代入基准期的方程(4-8),可求出假定未受人类活动影响的每一年的径流量,再减去相应年的实测径流量,即可得到受人类活动影响的径流减少量。计算结果见表4-12。

表4-12 人类活动和降水变化对潮河流域年径流量影响的计算结果

时段	假定只受降水影响时的年均径流量	实测年均径流量	人类活动影响		降水影响	
			减水量	占总减水量的比例	减水量	占总减水量的比例
	($10^8 m^3/a$)	($10^8 m^3/a$)	($10^8 m^3/a$)	(%)	($10^8 m^3/a$)	(%)
1981—1990	3.38	2.06	1.32	95.1	0.07	4.9
1991—2000	3.44	2.77	0.67	98.9	0.01	1.1
2001—2005	2.50	1.04	1.46	60.7	0.95	39.3
1981—2005	3.23	2.14	1.09	83.2	0.22	16.8

注:降水变化导致的减水量系由基准期的流域年平均径流量$3.45\times10^8 m^3$减去假定只受降水影响时的径流量而求得。

由表4-12可知,1981—1990、1991—2000、2001—2005年,受人类活动影响所产生的年均减水量分别为1.32、0.67、$1.46\times10^8 m^3$,占相应时段总减水量的95.1%、98.9%和60.7%;受降水变化影响所产生的年均减水量分别为0.07、0.01、$0.95\times10^8 m^3$,占相应时段总减水量的4.9%、1.1%和39.3%。在1981—2005年整个措施期,受人类活动影响和降水变化影响所导致的年均减水量为1.09和$0.22\times10^8 m^3$,分别占总减水量的83.2%和16.8%,人类活动因素的贡献率远大于降水因素。

第5章 水利水保措施对流域年径流量的影响

——基于经验统计分析法的评估

水利工程的修建和水土保持措施的实施，对流域径流量的变化有着直接或间接的影响。水利水保措施可对流域内的径流进行直接拦蓄，从而减少流域径流量。人类活动可通过水利工程引水以满足农业灌溉与工业、生活用水的需求，从而使得河川径流量进一步减少。除了对流域内的径流进行拦蓄外，水利工程的修建和水土保持措施的实施，还使流域土地覆被发生一定的变化，从而改变了径流产生与汇集的下垫面条件，间接影响流域径流量。

由第4章分析可知，潮河流域径流量的变化在很大程度上受人类活动的影响。流域内的人类活动主要表现为修建水利工程、引水用于农业灌溉、工业和生活用水以及实施水土保持。水库对径流进行直接拦蓄；以农业灌溉为主的水资源利用，通过引用地表水直接影响流域径流量；以水土保持为目的的退耕还林和荒山造林等土地利用活动，通过影响径流产生与汇集的下垫面条件，间接影响流域径流量。

本章首先利用双累积曲线法对潮河流域年径流量变化过程进行阶段划分，确定受人类活动影响相对较小的基准期和水利水保工程措施显著生效的措施期。在此基础上，以经验公式法为主，结合径流系数还原法、双累积曲线分析法以及不同系列对比法，定量评估水利水土保持措施对流域年径流量的影响程度。

5.1 水利水保措施与流域年径流量变化的时序耦合关系分析

为了便于分析潮河流域径流的变化过程以及水利水保措施对潮河流域径流量的影响，在此先对潮河流域出口控制站下会站1961—2005年的逐年实测径流量进行还原，剔除农业、工业和生活用水量对径流量的影响，然后采用双累积曲线法分析人类活动的影响。降水-径流双累积曲线法是用于分析年径流时间序列趋势性变化的常用方法，其拐点可作为判定径流阶段性变化的依据(冉大川等，2000；徐建华等，2000)，即将1961—2005年流域还原径流量(实测径流量与用水量之和)的逐年累积值对流域面雨量的逐年累积值点绘成图(图5-1)。若流域径流量只受到降水的影响(极端降水事件除外)，则双累积曲线基本呈一直线；若双累积曲线发生偏转，说明流域下垫面状况发生了变化。

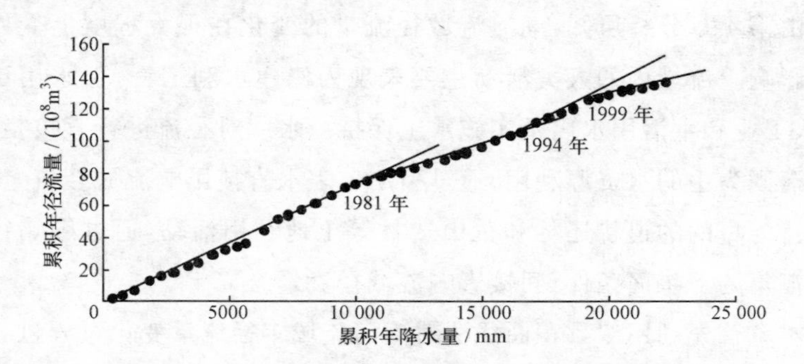

图5-1 潮河流域径流量与流域面雨量的双累积曲线

由图5-1可见，从1961—2005年双累积曲线共发生了3次偏转，可将整个变化过程分为4个阶段。

(1) 1961—1980年：流域内水利水保措施较少，虽然大部分小型水库、塘坝等水利工程措施建成于1970年代末，但总库容量较小，蓄水工程的发展程度较低，并且部分水库设计标准不高，尚未完全发挥效益，双累积曲线基本呈一直线。

(2) 1981—1993 年：从 1981 年开始，流域以点片治理为主，断断续续从事造林和水土保持耕作、修梯田等，进行水土保持小流域试点治理。尤其是 1989—1993 年，潮河流域被设立为密云水库上游重点治理项目区，流域内实施了大量的水土保持措施。建成于 20 世纪 70 年代末至 80 年代初的水利工程也开始发挥效益。理论上讲，这些人类活动因素会使径流量减少，双累积曲线向右偏转。

(3) 1994—1998 年：根据降水频率分析，该时段属降水丰水期，5 年降水量平均值为 534.4 mm，是多年平均降水量 494.2 mm 的 1.08 倍。尤其是 1994 年和 1998 年，降水保证率 $P<25\%$。1994 年，流域内的丰宁县降水频繁，量大而集中，水库全部溢洪，为该地区 30 多年所少见（丰宁满族自治县水利水保局，1995）；1998 年潮河上游普降大到暴雨，潮河下会水文站出现的洪峰流量为建站以来的第二大洪水[①]。由于该流域产流方式基本属于超渗产流，虽然该时段内流域实施了一些水土保持措施，但水土保持措施对山区发生特大洪水时的减水作用是有限的，其减水作用往往被暴雨所导致的强度产流作用所掩盖。图 5-1 中双累积曲线向左偏转很可能与此有关。

(4) 1999—2005 年：该时段内，流域"21 世纪初期首都水资源可持续利用规划"项目的实施和"退耕还林还草"政策的推行使得水土保持力度加大，水利水保措施继续发挥拦蓄径流的作用。再加上 1999 年以来连续干旱，7 年降水量平均值为 436.2 mm，是多年平均降水量的 0.88 倍。尤其是 2002 年，降水保证率 $P>95\%$，且是 45 年来降水量最少的一年。流域内产流量也少，使得双累积曲线再次向右偏转。

为了定量判断并检验潮河流域径流突变发生的时间、次数以及变化幅度，分别应用均值位移的 t 检验方法（Snedecor *et al.*，1975；Maidment，1992）和 Mann-Kendall 变点检测技术（Kendall，1975）对下会站 45 年（1961—2005 年）的还原径流量（实测径流量与用水量之和）进行变点检

---

① 中国水利科技信息网. 1998 水情年报. http://www.chinawater.net.cn/books/98water/.

验分析。均值位移的t检验方法的分析结果表明在1981年、1994年和1999年发生了三次径流突变。Mann-Kendall变点检测技术的分析结果发现在1999年有一次径流突变，3个变点均通过了置信度95%的检验。应用Mann-Kendall法对1961—1998年这一时段的资料作进一步分析，所得结果表明在1981年和1994年也存在2个变点。根据变点分析结果，潮河流域径流的变化过程也分为4个阶段，即1961—1980年、1981—1993年、1994—1998年和1999—2005年。相应变点的跃度分别在1981年为$1.22\times10^{8}\ m^{3}$，1994年为$1.64\times10^{8}\ m^{3}$，1999年为$2.59\times10^{8}\ m^{3}$。

上述分析说明，水利水保措施的变化与潮河流域径流的变化过程具有较好的耦合关系。

5.2 基于经验公式法评估水利水保措施对流域年径流量的影响

经验公式法是利用水文观测资料，从水文统计方面评价水利水保措施对河川径流量影响的常用方法（陈江南等，2004），是“水文法”减水量计算中最重要的一种计算方法。

5.2.1 基本原理

径流的形成受降水及下垫面条件的制约，水利水保措施可以改变下垫面状况，但不可能显著改变流域气候条件。因此，可以认为降水是不受水利水保措施的影响的。据此，以水利水保措施明显生效前的降水、还原径流资料为依据，建立降水-径流经验关系统计模型，把水利水保措施明显生效后的降水资料代入模型，计算出如下垫面条件不变时应产生的径流量，计算径流量和还原径流量之差即为受水利水保措施影响的径流量（徐建华等，2000；冉大川等，2000）。这种计算，其实质是应用流域降水相对稳定（受人类活动影响较小）概念来推求水利水保措施实施后的径流变化量。

由图 5-1 及相关分析，1981 年以前潮河流域内受人类活动的影响相对较小，故可把 1961—1980 年作为基准期；1981 年以后水利水保措施显著生效，可把 1981—2005 年作为措施期。对这两个时期的流域还原径流量与年均降水量进行比较，便可估算出措施期中水利水保措施的减水量。

5.2.2 降水-径流统计模型的建立及检验

利用 SPSS 软件分别对基准期（1961—1980 年）和措施期（1981—2005 年）的年降水量数据、还原年径流量数据进行曲线拟合分析。两时期指数函数的复相关系数分别为 0.923、0.803，均通过 0.01 显著水平的显著性检验（表 5-1），说明两个时期两个变量之间均存在高度显著的指数函数关系。

表 5-1 回归方程特征值

方程(5-1)	平方和	自由度	平方和均值	F 值	显著性水平
回归平方和	4.259	1	4.259	103.659	0.000
残差	0.740	18	0.041		
总和	4.999	19			
方程(5-2)	**平方和**	**自由度**	**平方和均值**	**F 值**	**显著性水平**
回归平方和	4.031	1	4.031	41.854	0.000
残差	2.215	23	0.096		
总和	6.247	24			

图 5-2 分别点绘了基准期（1961—1980 年）和措施期（1981—2005 年）潮河流域还原年径流量与流域年降水量的关系，并给出了相应的拟合曲线和回归方程。尽管两个时期的数据互相混杂，但相应的拟合曲线并不重叠。

与 1961—1980 年的拟合曲线相比，1981—2005 年的曲线显著下降，这意味着在降水量相同时，还原了用水量的流域年径流量仍然明显减少。这也说明了在相同的降水条件下，流域蓄水工程建设、水土保持综合治理等人类活动是导致流域年径流量减少的主要因素。

相应于基准期和措施期的方程分别为

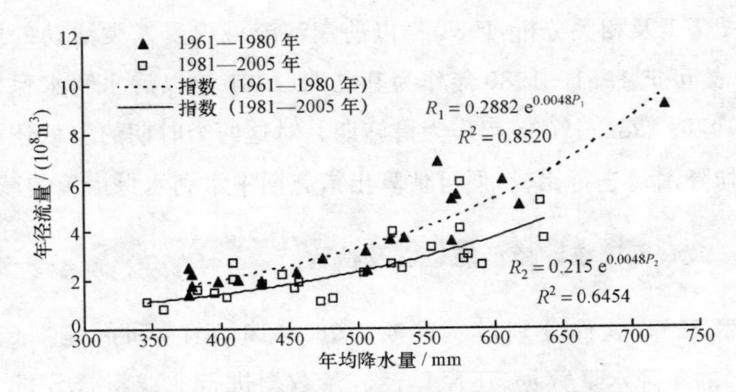

图 5-2 潮河流域径流量与流域面雨量的关系

$$R_1 = 0.2882\ e^{0.0048P_1} \quad (R^2 = 0.8520) \tag{5-1}$$

$$R_2 = 0.215\ e^{0.0048P_2} \quad (R^2 = 0.6454) \tag{5-2}$$

式中：R_1、R_2分别为基准期年和措施期年的年径流量，P_1、P_2分别为基准期年和措施期年的年降水量。

5.2.3 水利水保措施的减水量计算

基准期的方程相关系数较高，故可用于估算水利水保措施对流域年径流量的影响。将措施期中各年的降水量代入基准期方程(5-1)，可求出假定未受水利水保措施影响的每一年的径流量；再减去相应年的还原径流量，即可得到受水利水保措施影响的径流减少量。计算值与还原值的比较见图 5-3，计算结果见表 5-2。

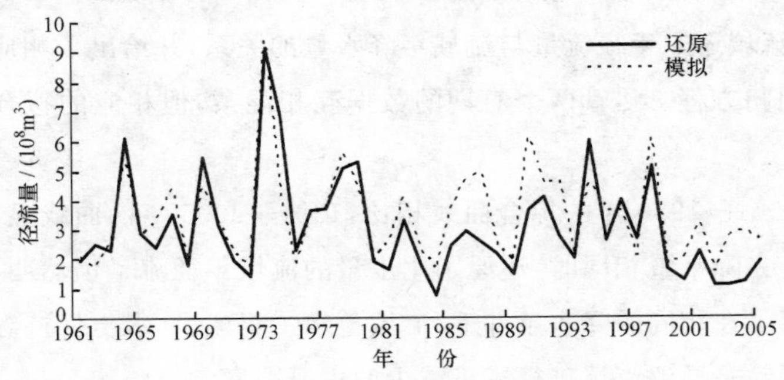

图 5-3 潮河流域径流量的模拟值与还原值

由图 5-3 可见:1961—1980 年,还原径流量与根据方程(5-1)计算的模拟径流量的过程线基本重合;1981—2005 年两条过程线波动差距较大,且模拟径流量的过程线绝大多数年份在还原径流量过程线之上,说明该时段径流量确实减少了。

表 5-2 水利水保措施对潮河流域径流量影响的计算结果

时段	假定只受降水影响时的年均径流量 (10^8 m^3/a)	加入水利水保措施后的年均径流量 (10^8 m^3/a)	减水量 (10^8 m^3/a)
1981—1990	3.44	2.29	1.15
1991—2000	3.50	3.22	0.28
2001—2005	2.62	1.52	1.10
1981—2005	3.30	2.51	0.79

由表 5-2 可知,受水利水保措施影响,1981—1990 年、1991—2000 年、2001—2005 年所产生的年均减水量分别为 1.15、0.28、1.10($\times 10^8$ m^3);在 1981—2005 年整个措施期,水利水保措施的年均减水量为 0.79 $\times 10^8$ m^3。

5.2.4 水利水保措施的减水效应

流域水利水保措施对径流量的影响程度可用减水效应来量度。某一时段的减水效应定义为该时段水利水保措施的减水量占假定该时段只受降水影响时的“天然径流量”的比例。

减水效应按下式计算:

$$\eta = \frac{\Delta W}{W_R} \times 100\% \tag{5-3}$$

式中:η 为流域减水效应,%;W_R 为利用降水-径流模型计算出的水量,m^3;ΔW 为计算水量与同期还原径流量之差,m^3。

计算结果见表 5-3。

表 5-3 不同方法计算的潮河流域水利水保措施减水效应 单位：(%)

时 段	经验公式法	径流系数还原法	双累积曲线法	不同系列对比法
1981—1990	31.99	37.65	36.87	37.65
1991—2000	7.13	12.99	13.94	12.25
2001—2005	40.71	54.53	53.56	58.64
1981—2005	23.79	30.67	30.79	31.69

由表 5-3 可知，1981—1990 年、1991—2000 年、2001—2005 年，水利水保措施的年均减水效应分别为 31.99%、7.13%、40.71%；在 1981—2005 年整个措施期，水利水保措施的年均减水效应为 23.79%。

5.3 基于径流系数还原法评估的水利水保措施之减水效应

径流系数还原法是根据径流变化规律，分别统计流域治理前后不同系列平均降水量和径流量。考虑降水不同对水量变化的影响，在计算时利用水量变化前的径流系数和治理后的流域年均降水量，还原推算出治理后可能产生的径流量，然后与同期还原值比较，即得减水效应 η。其计算公式为

$$\alpha = \frac{W_1}{0.1F \times P_1} \tag{5-4}$$

$$W_C = 0.1\alpha \times P_2 \times F \tag{5-5}$$

$$\eta = \frac{W_C - W_2}{W_C} \times 100\% \tag{5-6}$$

式中：η 为流域减水效应，%；α 治理前(基准期)流域的径流系数，无量纲；W_1 为治理前(基准期)流域的还原径流量，10^4 m^3；F 为流域面积，km^2；P_1 为治理前(基准期)流域的面平均年降水量，mm；P_2 为治理后(措施期)各时段流域的面平均年降水量，mm；W_C 为治理后(措施期)各时段流域的计算年径流量，10^4 m^3；W_2 为治理后(措施期)各时段流域的还原年径流量，10^4 m^3。

计算结果列于表 5-3 中。由表 5-3 可知，1981—1990 年、1991—2000 年、2001—2005 年，水利水保措施的年均减水效应分别为 37.65%、12.99%、54.53%；在 1981—2005 年整个措施期，水利水保措施的年均减水效应为 30.67%。

5.4 基于双累积曲线法评估的水利水保措施之减水效应

双累积曲线法是利用累积年降水量和累积年径流深曲线斜率的变化来分析水量变化趋势，曲线斜率的变化表示单位降水量所产生的径流深的变化。如果治理前后曲线斜率发生转折，即认为人类活动改变了流域下垫面的产流水平，从而可以定性地判断水量变化趋势。为使双累积曲线减水效应分析定量化，根据流域治理以前的实测资料，经回归分析求得累积年降水量与累积年径流深的线性相关方程，将流域治理后不同时段的累积年降水量值分别代入方程中，求得累积年径流深，然后与同期还原值比较，即得减水效应。计算公式为

$$\eta = \frac{R_C - R}{R_C} \times 100\% \tag{5-7}$$

式中：η 为流域减水效应，%；R_C 为利用累积年降水量-累积年径流深的线性相关方程计算出的年径流深，mm；R 为流域治理后的还原年径流深，mm。

利用双累积曲线法计算水利水保措施的减水效应时，也需要先根据基准期的方程计算出年径流深。根据此原理，分别点绘出潮河流域基准期（1961—1980 年）和措施期（1981—2005 年）累积年降水量和累积年径流深曲线，并给出相应时期的线性回归方程（图 5-4）。

由图 5-4 的流域累积年降水量与累积年径流深关系曲线，相应于基准期（1961—1980 年）和措施期（1981—2005 年）的线性回归方程为

$$R_1 = 0.1344P_1 - 59.321 \quad (R^2 = 0.9931) \tag{5-8}$$

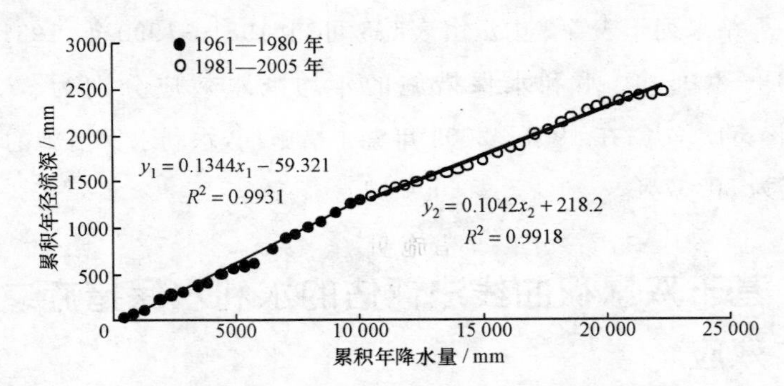

图 5-4 潮河流域年径流深与年降水量的双累积曲线

$$R_2 = 0.1042P_2 + 218.2 \quad (R^2 = 0.9918) \tag{5-9}$$

式中：R_1、R_2分别为基准期年和措施期年的累积年径流深，P_1、P_2分别为基准期年和措施期年的累积年降水量。

将措施期中各年的累积年降水量代入基准期方程(5-8)，可求出假定未受水利水保措施影响的每一年的累积年径流深，再减去相应年的还原累积年径流深，即可得到受水利水保措施影响的径流深减少量。

根据公式(5-7)，可分别计算出不同时段水利水保措施的减水效应。

计算结果见表 5-3。由表 5-3 可知，1981—1990 年、1991—2000 年、2001—2005 年，水利水保措施的年均减水效应分别为 36.87%、13.94%、53.56%；在 1981—2005 年整个措施期，水利水保措施的年均减水效应为 30.79%。

5.5 基于不同系列对比法评估的水利水保措施之减水效应

不同系列对比法是以流域未治理以前作为基准期(受人类活动影响较小，接近天然状况)，统计流域治理后(措施期)不同时段的还原径流量，求出其相对于基准期的变化量，即得减水效应。计算公式为

$$\eta = \frac{R_1 - R_2}{R_1} \times 100\% \tag{5-10}$$

式中：η 为流域减水效应，%；R_1 为治理前（基准期）流域的还原径流量，10^4 m^3；R_2 为治理后（措施期）各时段流域的还原年径流量，10^4 m^3。

计算结果见表5-3。由表5-3可知，1981—1990年、1991—2000年、2001—2005年，水利水保措施的年均减水效应分别为37.65%、12.25%、58.64%；在1981—2005年整个措施期，水利水保措施的年均减水效应为31.69%。

5.6 不同方法计算的水利水保措施之减水效应比较

由表5-3可见，应用不同方法所计算出的水利水保措施的减水效应是不同的。就1981—2005年时段而言，年均减水效应以不同系列对比法所计算的最大，为31.69%；双累积曲线法计算的年均减水效应为30.79%；用径流系数还原法时，计算的年均减水效应较小，为30.67%；而用经验公式法计算的年均减水效应最小，为23.79%。

经验公式法、径流系数还原法和双累积曲线分析法都是在流域降水相对稳定（受人类活动影响较小）的前提条件下，推求水利水保措施实施后的水量变化，反映的是流域综合治理对水量变化的影响；而不同系列对比法反映的则是流域综合治理和降水变化对水量变化的共同影响。

由于不同系列对比法的计算结果反映的是降水因素和水利水保因素共同影响的变化量，因此其分析的减水效应也偏大。该方法只能用来了解不同阶段的水量变化趋势，作为其他分析方法合理化检验的参考依据。

双累积曲线法反映的是流域综合治理的影响，是经验公式法的重要参考依据。从理论上讲，该方法能消除因气候偏旱引起的径流偏少因素，与不同系列对比法相比有较大改进。然而水文资料系列具有周期性的变化规律，这种周期性变化在双累积曲线上的反映必然是曲线斜率的变化。在这种情况下，把斜率的变化认为是水利水保措施引起的是不确切的，因而双累积曲线有一个模型误差，使得计算结果一般都偏大。

径流系数还原法能够排除气候因素的波动影响，但该方法只用水利水保措施影响较小时期的一个不变的平均径流系数来计算，使得计算结果精度降低了。

经验公式法实际上是各种简单或复杂的经验相关图的数学模拟，大多是因变量与各种自变量的回归统计。该方法的计算关键在于水利水保措施实施前的降水-产流数学模型的精度和降水资料的可靠性。由表5-3可见，经验公式法的计算结果比不同系列对比法、双累积曲线法和径流系数还原法的计算结果要小，应是合理的。

表5-3中应用不同方法所计算的不同时段的水利水保措施减水效应的变化趋势是一致的，即2001—2005年的年均减水效应最大，1981—1990年的年均减水效应次之，1991—2000年的年均减水效应最小。根据一定保证率(P)的年径流标准划分(黄锡荃等，2003)，1981—1990年，年代平均径流变率为0.76，为枯水期；1991—2000年，年代平均径流变率为1.13，为偏丰水期；2001—2005年，年代平均径流变率为0.65，为枯水期。由此可见，水利水保措施对枯水时段的减水效应更为突出。

不同方法的评估结果表明，潮河流域水利水保措施的年均减水效应为23%～32%。这说明潮河流域水土保持生态建设会减少流域年径流量，在一定程度上影响了密云水库入库水量，从而会减少北京市的供水量。但水土保持在防治潮河流域土壤侵蚀、保护密云水库的水质等方面起着重要的作用。随着区域人口增加、经济发展和城市化水平的提高，对水资源的需求量还会进一步增加。因此，作为北京市重要的地表水水源地，在未来的流域生态建设中，根据当地水土流失、社会经济发展水平等现实状况，如何优化水土保持措施类型配置方案，实施节水型水土保持是一个值得深入研究的科学问题。这一问题的解决对于缓解流域生态建设与区域水资源的供需矛盾具有重要意义。

第6章　水土保持措施对流域年径流量的影响

——基于水土保持措施面积的评估

无论是降水-径流经验统计模型(经验公式法)，还是径流系数还原法、双累积曲线法，都是“水文法”，其实质是应用流域降水相对稳定(受人类活动影响较小)概念来推求水利水保措施实施后的水量变化，反映的是流域综合治理对水量变化的影响。上述方法只考虑了降水条件因素，而未区分各种下垫面条件的影响，未将水土保持措施直接引入模型，因此各类水土保持措施真正在减水总量中所占的比例难以确定。另外，对降水指标的选用和治理期年限的划分等大多带有一定的任意性，这也是影响计算结果可信度的重要方面。而且用这些方法所计算的减水量是以流域出口处实测资料计算的，包括流域内所有能对水量起影响作用的下垫面因素，即用这些方法计算的水利水保措施的减水效应是偏大的。在上述方法中，如果考虑了下垫面的主要因子，则无疑会提高计算结果的精度和可信度。

水土保持措施对河川径流量影响的研究是水土保持效益分析、土地利用/覆被变化的水文水资源效应等研究的重要内容(冉大川等，2000；徐建华等，2000；陈江南等，2004；唐克丽等，2004)，是水土保持规划和有关部门决策的依据。关于不同地区、不同时段流域水土保持措施对河川径流量的影响程度，学术界争议很大，是当前解决下游水资源供给与流域生态建设矛盾的重点和难点。对该问题的深入研究有助于为建立流域综合治理与水资源变化相协调的机制、流域水资源高效利用与科学分配方法提供重要参考依据。因此，如何将水土保持措施的影响准确地描述出来，是进行水土保持减水效应分析的关键，建立和选择科学合理的评价方法是正确评价水土保持措施的河川径流效应的核心。

本章在考虑降水因素、水土保持措施(林地、水平梯田)面积的基础上,分别通过建立基于降水-水土保持-径流之间关系的统计模型,以及利用坡面径流小区的试验资料,定量评估潮河流域水土保持措施对年径流量的影响程度,拟为流域综合治理提供科学依据。

6.1 降水-水土保持-径流统计模型在流域的应用

6.1.1 数据处理

为了确切评估潮河流域水土保持措施对年径流量的影响,在此对流域出口控制站下会站 1961—2005 年的逐年实测径流量进行还原,以消除农业、工业和生活用水量对径流量的影响,得到还原径流量。在此基础上,对还原径流量进行再次还原,即在还原了流域用水量的基础上,再加上流域水利工程的蓄水量后进行还原,以消除水利工程的影响,得到天然径流量。

由于降水量、天然径流量、水土保持措施面积三个变量的量纲、数量级和数量变化幅度差异较大,如用原始数据进行相关回归分析,就会将不同性质、不同量纲、不同数量变化幅度的数值都统计在一起,这样就可能突出某些数量级特别大的变量对模型的贡献率。为了便于分析,需对原始数据进行标准化处理,以消除量纲的不同。

首先对降水量、天然径流量、水土保持措施面积进行自然对数变换,数据变幅减小且变均匀。为消除量纲的不同,应用极差标准化方法对数据进行标准化处理,处理后数据分布特征更加明显。

所谓极差标准化,就是自然对数变换后系列中的任一变量(x_{ij})与其第 j 列中的最小值 $x_j(\min)$ 之差和第 j 列中的最大值 $x_j(\max)$ 与最小值 $x_j(\min)$ 之差的比值。其计算公式为

$$x_{ij}' = \frac{x_{ij} - x_j(\min)}{x_j(\max) - x_j(\min)} \quad (i = 1,2,\cdots,n; j = 1,2,\cdots,n) \tag{6-1}$$

极差标准化后的各变量数据，变化范围都在 0～1 之间，消除了量纲的影响。

6.1.2 降水-水土保持-径流统计模型建立及检验

利用数理统计方法，以潮河流域 1961—2005 年间的 45 年天然年径流量、年降水量、逐年水土保持措施面积(水平梯田和造林面积之和)数据为基础，进行多元回归分析，以综合地表达天然年径流量与其他两个变量之间的定量关系。

潮河流域天然径流量与各影响因素之间的相关系数矩阵见表 6-1。相关分析表明，流域天然径流量(R)与降水量(P)、水土保持措施面积(A_{SWC})之间的相关系数分别为 0.822 和 －0.254，降水量与水土保持措施面积之间的相关系数为 －0.030。

表 6-1 潮河流域径流量与降水、水土保持措施面积之间的相关系数矩阵

因　子	R	P	A_{SWC}
R	1	0.822	－0.254
P	0.822	1	－0.030
A_{SWC}	－0.254	－0.030	1

注：R 为天然径流量，P 为流域平均降水量，A_{SWC} 为梯田林地面积。

降水量(P)、水土保持措施面积(A_{SWC})两变量相互独立，且与天然径流量(R)之间的相关程度较高，可以建立回归方程。

通过回归分析，得到的方程为

$$R = 0.215 + 0.724P - 0.145A_{SWC} \quad (r^2 = 0.728) \qquad (6\text{-}2)$$

式中：R 为流域还原年径流量；P 为流域年降水量；A_{SWC} 为流域年水土保持措施面积。

该方程的复相关系数达到 0.853，F 值为 56.232，显著性水平优于 0.001(表 6-2)。

表 6-2 回归方程特征值

方程(6-2)	平方和	自由度	平方和均值	F值	显著性水平
回归平方和	1.572	2	0.786	56.232	0.000
残差	0.587	42	0.014		
总和	2.159	44			

方程(6-2)表明,潮河流域径流量随降水的减少而减少,随梯田、造林面积的增加而减少。令 $A_{SWC}=0$,根据方程(6-2)计算的只受降水影响的径流量模拟值与还原值的比较结果见图 6-1;根据方程(6-2)计算的受降水和水土保持措施共同影响的径流量模拟值与还原值的比较结果见图 6-2。

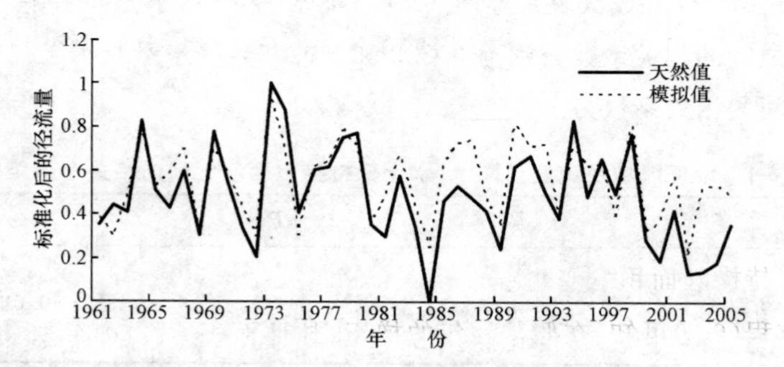

图 6-1 仅受降水影响的径流量的模拟值与天然值

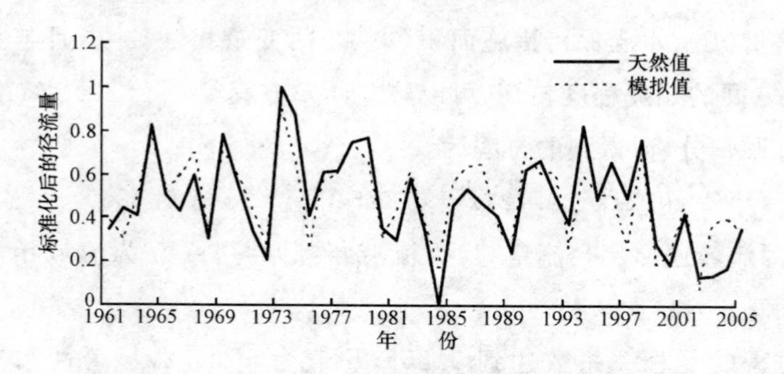

图 6-2 受降水和水土保持措施共同影响的年径流量的模拟值与天然值

由图 6-1 可以看出,1961—2005 年,尤其是 1981—2005 年,模拟径流量的过程线基本上在天然径流量过程线之上,说明该时段流域径流量的减少除与降水变化有关外,还受其他因素的影响。与图 6-1 相比较,图

6-2 显示了在加入水土保持措施的影响之后，模拟径流量过程线与天然径流量过程线之间的波动差距变小，说明水土保持措施确实对流域径流量的减少起到了一定作用。1961—1980 年，天然径流量与根据方程(6-2)计算的模拟径流量的过程线波动差距较小；1981—2005 年两条过程线波动差距较大，说明该时段天然径流量受降水和水土保持措施的影响幅度较大。

6.1.3 水土保持措施的减水效应分析

令方程(6-2)右端的一个变量变化，另一个变量为常量，对变量依次取偏导数后得到如下方程

$$\frac{\partial R}{\partial P}=0.724 \tag{6-3}$$

$$\frac{\partial R}{\partial A_{SWC}}=-0.145 \tag{6-4}$$

式中：$\frac{\partial R}{\partial P}$为流域年径流量对年降水量的变化率；$\frac{\partial R}{\partial A_{SWC}}$为流域年径流量对年水土保持措施面积的变化率。

由方程(6-3)可知，在假定逐年的梯田、林地面积不变时，年降水量每减少 1 个单位，则流域年径流量就减少 0.724 个单位；由方程(6-4)可知，在假定年降水量不变时，逐年梯田、林地面积每增加 1 个单位，则流域年径流量就减少 0.145 个单位。这说明潮河流域年径流量的变化对降水量因素的变化更为敏感。

令方程(6-2)中的 $A_{SWC}=0$，求得假定只受降水影响而未受水土保持措施影响的径流量。与天然径流量相比较，其差值即为水土保持措施的减水量。减水效应 E_{SWC} 可根据下式计算

$$E_{SWC}=\frac{R_P-R_O}{R_P}\times 100\% \tag{6-5}$$

式中：E_{SWC} 为流域水土保持措施的减水效应，%；R_P 为利用降水-水土保持-径流统计模型计算出的只受降水影响的径流量，m^3；R_O 为流域还原径流量，m^3。

计算结果见表 6-3。

表 6-3 潮河流域水土保持措施的减水效应

时 段	R_O	R_P	R_P-R_O	$E_{SWC}/(\%)$
	10^8 m^3/a	10^8 m^3/a	10^8 m^3/a	
1961—1970 年	3.21	3.30	0.09	2.54
1971—1980 年	4.00	4.14	0.14	3.52
1981—1990 年	2.39	3.35	0.96	28.71
1991—2000 年	3.32	3.57	0.25	6.87
2001—2005 年	1.62	3.12	1.50	48.02
1981—2005 年	2.61	3.39	0.78	22.96

由表 6-3 可见，1961—1970 年、1971—1980 年、1981—1990 年、1991—2000 年、2001—2005 年，潮河流域水土保持措施的年均减水效应分别为 2.54%、3.52%、28.71%、6.87%和 48.02%。1961—1980 年（基准期），流域水土保持措施的年均减水效应很小；1981—2005 年（措施期），流域水土保持措施的年均减水效应显著，为 22.96%。这与流域水土保持在 1980 年前后发生的阶段性变化有很大关系。20 世纪 80 年代以后流域以造林为主的大规模水土保持综合治理，除了对流域内的径流进行直接拦蓄外，还改变了流域径流产生与汇集的下垫面条件，林草植被蒸散发也会消耗部分水量，这些必然在一定程度上影响了流域的产水量。

流域水土保持措施在措施期（1981—2005 年）的年均减水效应为比由经验公式法计算的水利水保措施的年均减水效应 23.79%小 0.83%。由于潮河流域蓄水工程的发展程度较低，水利工程措施对流域径流量的影响还是很小的。

1981 年之后，不同时段的减水效应的趋势是：2001—2005 年的年均减水效应最大，为 48.02%；1981—1990 年的年均减水效应次之，为 28.71%；1991—2000 年的年均减水效应最小，为 6.87%。根据一定保证率（P）的年径流标准划分，1981—1990 年为枯水期，年代平均径流变率为 0.76；1991—2000 年为偏丰水期，年代平均径流变率为 1.13；2001—2005 年为枯水期，年代平均径流变率为 0.65。再次说明了水土保持措施对枯水时段的减水效应更为突出。

6.2 基于坡面径流小区试验评估水土保持措施对流域年径流量的影响

降水-水土保持-径流统计模型比较直观、简单，计算简便，既考虑了降雨条件因素，又考虑了下垫面中水土保持措施的影响，可以有效地评估流域水土保持措施对年径流量的影响程度。但由于水文站网的建设起步较晚，天然降水、径流系列过程偏短，因而用统计模型方法进行的水土保持措施减水效应的计算建模系列有一定的局限性。该方法只是简单地对径流量因子、降水量因子和水土保持措施面积因子进行线性回归，不能区分各项水土保持措施的作用，今后仍需不断完善和改进。而根据水土保持试验站各项水土保持措施的减水作用的观测资料、逐项计算水土保持措施的减水效应的"水保法"，却能直观了解各项水土保持措施在流域水量变化中的作用，能分析计算现状治理措施的减水作用和预测规划治理措施的水量变化趋势和减水效应，还能在一定范围内检验分析统计模型计算结果的合理性。

6.2.1 流域坡面径流小区试验研究状况

潮河流域开展水土保持坡面径流小区试验研究的时间很晚，目前流域内监测的小区仅有两个：一个是于 2003 年施工建设的滦平县监测小区，另一个是于 2004 年施工建设的丰宁县监测小区。这两个小区都是为了监测和评估"21 世纪初期首都水资源可持续利用规划"水土保持项目的实施效果，研究各项目区的水土流失规律才设立的，仅有 2004—2006 年 3 年的降水、径流观测数据，影响了对水文长系列变化规律的可控性。

由于研究流域内坡面径流小区较少且观测资料系列很短，无法用于"水保法"中水土保持措施的减水作用的计算分析。鉴于与潮河流域相邻的滦河流域中部的冀北山地内的径流小区较多，且观测资料系列较长，这两个流域又同属于冀北土石山区，在气候等自然地理条件方面的差异也不大(表6-4)，因此可用滦河流域中部冀北山地内的坡面径流小区的观测数据替代进行整理分析。

表6-4 滦河、潮河流域自然地理概况比较

流域	气候	多年平均降水量	地貌岩性	土壤	植被
滦河流域(冀北山地)	大陆性季风气候	500 mm，6—9月份(汛期)占75%～85%	中山、低山、丘陵和谷地，花岗岩、片麻岩为主	棕壤、褐土为主，占总面积的70%	针阔混交林、灌木和草本植被带
潮河流域	大陆性季风气候	494 mm，6—9月份(汛期)占80%	中山、低山、丘陵和谷地，花岗岩、片麻岩为主	棕壤、褐土为主，占总面积的80%	针阔叶混交林为主体的乔灌草植被带

冀北土石山区是指河北省北部坝上高原与燕山深山区过渡地带的七老图山和阴山余脉的丘陵山地，地理位置为E116°05′～119°05′、N41°03′～42°01′，包括河北省承德市的围场县和丰宁县坝下地区、隆化县、平泉县、滦平县、双滦区、双桥区全部及承德县下板城-新杖子一线以北地区，总面积约2.6×10^4 km^2(张怀等，2004)。滦河流域中部的冀北山地，主要由燕山山脉构成，地貌类型包括中山、低山、丘陵和谷地，海拔在300～1500 m，约占流域总面积的80%。山体以花岗岩、片麻岩为主，岩体风化较为严重，地表土石混杂，石多土少，表层土壤瘠薄，土层厚度一般为20～60 cm。气候类型为大陆性季风气候，昼夜温差大，流域多年平均气温为3～10℃，年日照时数为2700～3200 h，无霜期自北向南为80～168天。降水量年际变化大，多年平均降水量约为450～550 mm，雨量年内分配很不均匀，6—9月份占75%～85%。土壤类型以棕壤和褐土分布最广，约占全流域总面积的70%。植被类型以针阔叶混交林、灌木和草本植被带为主，森林覆盖率约为29%～44%，草地覆盖率约为11%～30%(张怀等，2004)。冀北山地因地势与气候差异变化较大，可分为4个植被带：一是山地草甸植被，分布在海拔1700 m左右的中山坡顶；二是针阔叶混交林、灌木和草本植被带，自北向南分布在海拔600～1000 m以上的山地，乔木为栎、云杉、桦、椴、山杨、油松、落叶松等，灌木有胡枝子、映

山红、虎榛子等，草本多为茅草、百合、羊胡子草；三是旱生阔叶林、灌木和草本植被带，分布在海拔 600 m 以下的低山、丘陵地带，乔木以杨、柳、槐为主，灌木为山杏、酸枣、荆条、绣线菊等，草本为蒿属、白草、黄背草等；四是草甸植被带，分布在河流两岸的河谷地带，主要有车前子、灰灰菜、稗草、狼尾草等。人工植被主要是松、杨、榆、槐及山楂、梨、板栗等(海河流域水土保持监测中心站，2005)。

为了开展水土保持试验研究工作，早在 1958 年，原承德专署水利局就成立了水土保持试验站，断断续续进行水土流失规律的实验研究。1969 年，因受“文化大革命”的影响，试验站被撤销，1978 年恢复，1982 年改建为“承德地区水土保持科学研究所”。1981 年以后，为了进一步揭示冀北土石山区水土流失发生、发展的规律，河北省承德市水土保持科学研究所在河北省承德市和围场县布设了一系列的径流观测站和径流试验场，进行了比较系统规范的水土流失规律试验研究，取得了一定的阶段性的观测成果(河北省承德市水土保持科学研究所，1998)。但由于北方土石山区土层较薄，这些径流小区在 1990 年代末因土层被冲刷殆尽而全部废弃。因此，现有的系统的小区观测资料并不多，各径流小区连续观测时间均不超过 10 年，多在 5～7 年之间(表 6-5)。

表 6-5　滦河流域冀北山地内主要径流小区

径流场名称	径流场地点	小区组号	观测时间
五道沟	河北省承德市	林业小区组 1～9 号	1981—1985 年
		耕地小区组 1～7 号	1981—1986 年
曹家沟	河北省围场县	农林小区组 1～6 号	1981—1987 年
南山	河北省承德市	第一阶段小区组 1～17 号	1981—1986 年
		第二阶段小区组 1～24 号	1988—1991 年
		第三阶段小区组 3～12 号	1992—1995 年

6.2.2 坡面尺度径流特征及其影响因素分析

中国是世界上水土流失最为严重的国家之一，水土流失面积占国土面积的 37%，其中水力侵蚀面积占水土流失总面积的 46%(王礼先等，

2004)。虽然影响水土流失的因素以及水土流失发生发展的过程极为复杂,但产生径流是发生水力侵蚀的先决条件(卫伟等,2006)。坡面尺度是地理过程发生发展的基础地理单元(傅伯杰等,2002;徐海燕等,2008),坡面径流是产生水土流失的主导因子。深入研究坡面尺度的产流规律及其影响因素,对区域水土流失的有效防治具有积极的理论和实践意义。

目前,很多学者对不同自然地理区域坡面尺度的产流规律进行了研究,同时也探讨了坡面径流的形成机制及其影响因素,多是针对某一特定因素或多个因素对坡面径流的影响进行分析(金雁海等,2006;肖登攀等,2010;方海燕等,2009;黄俊等,2010;朱冰冰等,2010)。研究表明,影响坡面产流的主要因素有降雨和下垫面状况(土壤、地形、植被、土地利用方式等)(唐克丽等,2004;景可等,2005),不同的降雨条件、地形和地表特征,径流产生机制和响应不同(肖登攀等,2010)。这些研究成果为区域水土保持综合治理措施的合理布局提供了科学依据。然而影响坡面径流的因子很多,并且相互关系很复杂(肖登攀等,2010),而且不同的自然地理区域坡面产流规律也各不相同,只有针对具体情况进行相关分析研究,才能探索出对区域水土流失的有效防治具有指导意义的理论。

冀北土石山区是滦河潘家口水库和潮白河密云水库的主要集水区和水源地,同时也是京津地区的重要生态屏障(张怀等,2004)。由于生态条件脆弱,加之人类活动的影响,水土流失是该区最主要的生态问题。冀北土石山区是强度以上土壤侵蚀的主要分布区之一,水蚀是本区的主要侵蚀类型(李秀彬等,2008)。目前,对冀北土石山区坡面产流规律的研究较少。本研究以冀北山地的径流小区观测数据为基础,对冀北土石山区坡面径流及其主要影响因素的关系进行探讨,研究结果拟为该区水土流失防治及生态建设提供理论依据。

(一) 数据来源与方法

河北省承德市水土保持科学研究所于 1998 年前后对滦河流域冀北山地内的坡面径流小区(表 6-5)的原始观测资料进行了整编(河北省承德市水土保持科学研究所,1998)。本章借助于该整编资料,在对各径流小区布设状况、观测内容及观测系列等进行分析的基础上，选取不同的径流场中不同类别的坡面径流小区作为研究对象，探讨坡面径流特征与坡度、坡长、有效降雨量（产流降雨量）、平均降雨强度、植被覆盖、水土保持工程措施等的关系，运用Excel2003和SPSS13.0统计软件进行数据的整理以及统计分析，应用Pearson相关系数在0.01的显著水平上进行显著性检验，分析总结径流小区的产流规律，这是建立水土保持坡面措施减水量计算的前提条件与理论依据。

考虑到承德市南山径流场和五道沟径流场观测内容比较全面，观测时间相对较长，观测系列较为完整并有对比性，本研究选取该两径流场中不同类别的坡面径流小区作为研究对象（表6-6，表6-7）。选取了南山径流场中5组的20个径流小区，按坡度、坡长和不同土地利用进行设置。选取了五道沟径流场中1组的2个径流小区，按不同土地利用进行设置。在径流场的附近，利用自计雨量计和普通雨量桶收集降雨数据，包括降雨量、持续时间和降雨强度等。所有径流小区出口处均设有量水堰和集水桶，从小区里流出来的水流通过量水堰进入集水桶。对于一次降雨事件，集水桶里收集的水量即为该小区该次降雨的产流量。水文数据的观测和取样均严格按照国际标准进行。由于不同类型的径流小区的建立时间和废弃时间不同，南山径流场观测时间划分为3个阶段：第一阶段是1981—1986年；第二阶段是1988—1991年，因在1986年汛期后至1987年汛期前，对大部分小区进行了改建，并新建了一批小区，径流场情况完全改变；第三阶段是1992—1995年，除了对第二阶段的一部分小区维持观测外，又新建了一批小区。

（二）地形因子对坡面产流的影响

地形因子，尤其是坡度和坡长对径流的形成具有重要的影响，是引起坡面产流能力及尺度效应的重要影响因素（肖登攀等，2010；方海燕等，2009）。

表 6-6 南山径流场不同类别的坡面径流小区的基本特征

小区编号	坡度	坡长/m	坡宽/m	受雨面积/m²	观测年份	小区类别	地表情况	建立时间
PD1	5°08′	10.03	4.96	49.55	1992—1995年	坡度	人工裸地	1991年
PD2	11°00′	10.16	5.00	49.85	1992—1995年	坡度	人工裸地	1991年
PD3	16°20′	10.34	4.97	49.30	1992—1995年	坡度	人工裸地	1991年
PD4	20°25′	10.66	5.00	49.95	1992—1995年	坡度	人工裸地	1991年
PD5	24°08′	10.98	5.00	50.10	1992—1995年	坡度	人工裸地	1991年
PD6	28°25′	11.36	5.00	49.95	1992—1995年	坡度	人工裸地	1991年
PL1	22°58′	2.18	4.98	10.01	1988—1991年	坡长	人工裸地	1987年
PL2	22°58′	4.97	5.03	23.04	1988—1991年	坡长	人工裸地	1987年
PL3	23°30′	11.95	5.00	54.80	1988—1991年	坡长	人工裸地	1987年
PL4	24°40′	16.64	4.97	75.15	1988—1991年	坡长	人工裸地	1987年
PL5	24°28′	22.16	4.94	99.64	1988—1991年	坡长	人工裸地	1987年
PL6	24°17′	33.19	4.96	150	1988—1991年	坡长	人工裸地	1987年
PG1	28°55′	11.18	5.02	49.15	1988—1995年	草地	野草,覆盖度30%	1987年
PG2	27°36′	11.20	4.92	48.86	1988—1995年	草地	野草,覆盖度60%	1987年
PG3	26°08′	11.22	4.95	49.85	1988—1995年	草地	野草,覆盖度90%	1987年
					1983年		覆盖度70%,平均高1.5 m	
PF1	27°28′	11.48	4.97	50.40	1984年	林地	覆盖度75%,平均高1.9 m	1982年
					1985年		覆盖度85%,平均高2.0 m	
					1983年		覆盖度70%,平均高1.5 m	
PF2	30°07′	12.75	4.98	54.90	1984年	林地	覆盖度70%,平均高1.5 m	1982年
					1985年		覆盖度75%,平均高2.0 m	

（续表）

小区编号	坡度	坡长/m	坡宽/m	受雨面积/m^2	观测年份	小区类别	地表情况	建立时间
SE1	16°17′	10.64	4.96	50.64	1988—1990年	工程	天然荒坡，鱼鳞坑10005个/hm^2，植被盖度0.7	1986年
SE2	18°11′	10.66	4.96	50.24	1988—1990年	工程	天然荒坡，水平阶，阶宽0.6 m，阶距1.2 m，植被盖度0.7	1986年
SE3	18°23′	10.68	4.98	50.45	1988—1990年	工程	天然荒坡，对照，植被盖度0.7	1986年

表 6-7 五道沟径流场不同类别的坡面径流小区的基本特征

小区编号	坡度	坡长/m	坡宽/m	受雨面积/m²	观测年份	小区类别	地表情况	建立时间
SC1	29°11′	19.80	5.58	110.5	1981—1986年	农地	坡耕地,种植玉米,长势中,覆盖度50%	1980年
SC2	29°11′	19.80	5.58	110.5	1981—1986年	农地	梯田,种植玉米,田面48.3%,地坝51.7%,长势中,覆盖度50%	1980年

1. 坡度对坡面产流的影响

坡度是产生坡面径流的必要条件。在不同坡度条件下,产流过程及其强度会有很大的差异(徐海燕等,2008;张会茹等,2011)。对于坡度来说,坡度增加通常会使产流增加的可能性更大(金雁海等,2006;肖登攀等,2010;黄俊等,2010;钟壬琳等,2011)。也有研究发现径流随坡度的增加而减小(Fox *et al.*,1997),或者与坡度的关系不明显(Mah *et al.*,1992)。还有研究表明存在临界坡度,即在小于某个坡度范围内,产流随坡度的增加而增加;而大于某个坡度后,产流随坡度的增加而减小(金雁海等,2006;方海燕等,2009;张会茹等,2011)。

选取南山径流场中6个坡度小区(PD1、PD2、PD3、PD4、PD5、PD6)1992—1995年的观测数据进行坡面产流与坡度关系的分析,各坡度小区基本特征如表6-6所示。将不同坡度小区1992—1995年的年径流量与坡度的关系绘制成图6-3。

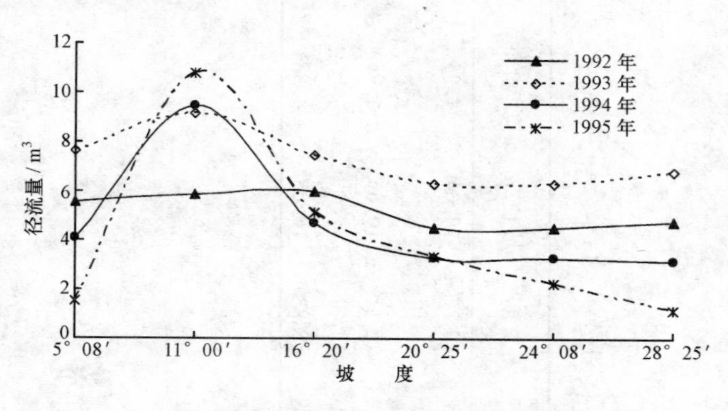

图 6-3 不同坡度小区的年产流量

由图 6-3 可见，在坡长、坡宽、径流小区面积相差不大（受雨面积大致相等），地表无任何植被覆盖、天然降雨情况下，坡面径流小区的年径流量随坡面坡度的增加出现先增后减的趋势，坡度临界值在 11°00′左右。这说明在相同的条件下，随着地面坡度增加，径流速度加快，径流在坡面滞留时间变短，使得入渗量减少，坡面径流量增加；然而，在受雨面积相等的情况下，随着坡度增大到一定程度即到达临界坡度后，实际坡度面积增加了，从而入渗面积增大，使得入渗量增大，坡面径流量减少。

2. 坡长对坡面产流的影响

坡长是影响坡面径流的又一重要因子（王秀颖等，2010）。有研究发现，随着坡长的增加产流减小，认为坡面越长，径流入渗的可能性就越大（王秀颖等，2010；Aaron *et al.*，2004）。也有研究认为，坡长愈长，径流速度就愈大，汇集的径流也愈大，径流量随坡长的增加而增大（方海燕等，2009）。有些研究者还发现，随坡长的增加径流没有明显变化（肖登攀等，2010）。然而，也有研究表明，随着坡面长度的增加，径流量也有呈现先增加后减小的趋势（蔡强国等，1998），即存在着临界坡长。

选取南山径流场中的 6 个坡长小区（PL1、PL2、PL3、PL4、PL5、PL6）1988—1991 年的观测数据进行坡面产流与坡长关系的分析，各坡长小区基本特征如表 6-6 所示。将不同坡长小区 1988—1991 年的年径流量与坡长的关系绘制成图 6-4。

由图 6-4 可见，在坡度相差不大，地表无任何植被覆盖、天然降雨情况下，坡面径流小区的年径流量与坡面的长度之间呈正相关规律，即随着坡长由 2.18 m 增加到 4.97、11.95、16.64、22.16、33.19 m，年径流量大致呈增加的趋势。这可能与不同坡长径流小区的集水面积有关。在坡度大致相同的条件下，坡长越长，径流小区的集水面积越大，受雨面积增加，加上北方土石山区土层薄、产流机制为超渗产流，因此集水面积大的径流小区产流量相对较大。但坡长和径流的关系十分复杂。由于本研究中的径流小区坡长的范围仅局限于 2.18～33.19 m，因此，只能简单地认为在上述坡长变化范围内径流量随坡长的增加而增大。

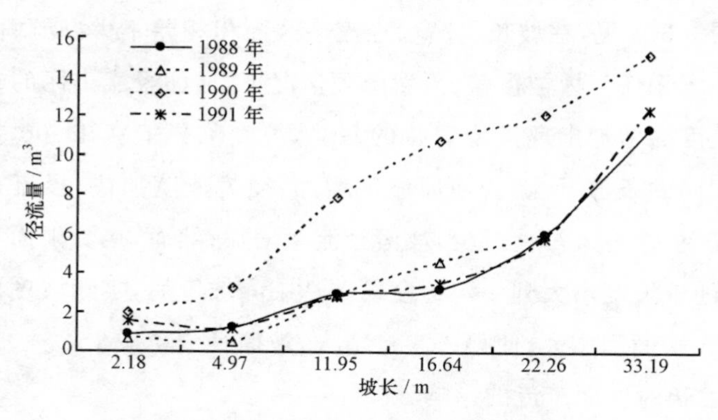

图 6-4 不同坡长小区的年产流量

(三) 降雨因子对坡面产流的影响

坡面径流的形成是降雨与下垫面因素相互作用的结果，降雨是产生径流的先决条件和引起水土流失的原动力(卫伟等，2006；金雁海等，2006；肖登攀等，2010)。降雨因子主要从降雨量、降雨强度、降雨历时、降雨时空分布特征和雨型等方面决定径流的产生及大小，其中有效降雨量(产流降雨量)和降雨强度对径流形成过程有着重要的影响(金雁海等，2006；肖登攀等，2010；张会茹等，2011；耿晓东等，2009)。因试验条件不同，不同地区二者对产流的影响亦不同。有些研究认为，地表径流量与降雨量的相关性较好，而降雨强度对径流量的影响要比降雨量小得多(肖登攀等，2010；郭庆荣等，2001；张晶晶等，2011)。本研究利用相关分析方法，仅分析在不同坡度和不同坡长条件下，有效降雨量和平均降雨强度两个因子与坡面产流的关系。

1. 不同坡度条件下有效降雨量和平均降雨强度对坡面产流的影响

通过对南山径流场中各坡度径流小区 1992—1995 年产流次数的分析，1992 年各坡度小区在相应的有效降雨量和降雨强度下各产流 18 次，对 6 个坡度小区分别进行坡面径流量与有效降雨量和平均降雨强度关系的相关分析(表 6-8)。

表 6-8 不同坡度地表径流量与有效降雨量、平均降雨强度的相关系数

坡度	有效降雨量		平均降雨强度	
	Pearson 相关系数	Sig(双尾)	Pearson 相关系数	Sig(双尾)
5°08′	0.858**	0	0.278	0.265
11°00′	0.840**	0	0.310	0.211
16°20′	0.843**	0	0.294	0.236
20°25′	0.792**	0	0.366	0.136
24°08′	0.792**	0	0.366	0.136
28°25′	0.780**	0	0.334	0.176

注:** 表示在 0.01 水平上显著。

通过相关分析表明,不同坡度条件下,径流量与有效降雨量及平均降雨强度都成正相关,但与有效降雨量的相关系数要大于平均降雨强度的相关系数且在 0.01 水平上显著,与平均降雨强度的相关系数不显著。这表明当坡面开始产流后,径流量的大小主要取决于有效降雨量,并且有效降雨量越大,径流量越大。

2. 不同坡长条件下有效降雨量和平均降雨强度对坡面产流的影响

通过对南山径流场中各坡长径流小区 1988—1991 年产流次数的分析,1990 年各坡长小区在相应的有效降雨量和降雨强度下各产流 16 次,对 6 个坡长小区分别进行坡面径流量与有效降雨量和平均降雨强度关系的相关分析(表 6-9)。

表 6-9 不同坡长地表径流量与有效降雨量、平均降雨强度的相关系数

坡长/m	有效降雨量		平均降雨强度	
	Pearson 相关系数	Sig(双尾)	Pearson 相关系数	Sig(双尾)
2.18	0.843**	0	0	0.999
4.97	0.783**	0	0.103	0.704
11.95	0.791**	0	0.176	0.513
16.64	0.887**	0	0.048	0.859
22.16	0.849**	0	0.023	0.933
33.19	0.856**	0	0.278	0.297

注:** 表示在 0.01 水平上显著。

由表 6-9 可见,不同坡长小区的径流量与有效降雨量都具有较强的相关性,并且相关系数在 0.01 水平上显著;坡面径流量与平均降雨强度

成正相关但相关性不显著。这也说明了坡面产流后，坡面径流量的大小主要和有效降雨量的多少有关。

综上所述，在冀北土石山区，影响坡面径流量的降雨因子主要为有效降雨量。

（四）植被覆盖对坡面产流的影响

大量研究表明，植被类型、植被覆盖度对坡面径流的影响十分明显，主要表现在拦截降雨和入渗等方面有很大差异，这种差异必然引起产流的不同（黄俊等，2010；喻定芳等，2010；周璟等，2010；甘卓亭等，2010；Pan *et al.*，2006；Li *et al.*，2009；于国强等，2010）。

1. 草地覆盖度对坡面产流的影响

选取南山径流场中的3个草地小区（PG1、PG2、PG3）1988—1995年的观测数据进行坡面产流与不同草地覆盖度之间关系的分析，各小区基本特征如表6-6所示。将3个草地小区1988—1995年的年径流量和草地覆盖度的关系绘制成图6-5。

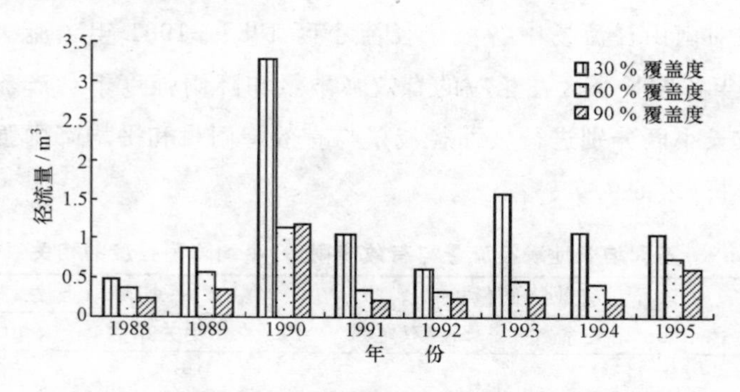

图6-5 不同覆盖度的草地的年产流量

由图6-5可见，在特定的地形条件下，随着草地覆盖度的增加，坡面径流小区的径流量呈减少趋势，即径流量与草地覆盖度呈负相关规律；但覆盖度为60％和90％的草地径流量相差甚小。这与有关学者的研究结果基本一致（黄俊等，2010；朱冰冰等，2010），说明在水土保持治理过程中存在着临界植被覆盖度。因此，合理调整土地利用结构，适当增加地面植被覆盖，可增加降雨截留和土壤入渗，有效控制坡面径流量和水土流失量。

2. 林地覆盖度对坡面产流的影响

选取南山径流场中的2个林地小区（PF1、PF2）1983—1985年的观测数据进行坡面产流与不同林地覆盖度之间关系的分析，各小区基本特征如表6-6所示。将2个林地小区1983—1985年的产流量和林地覆盖度、有效降雨量的关系绘制成图6-6。

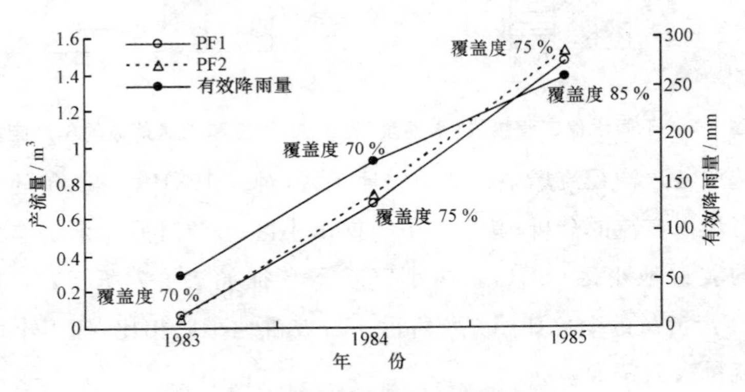

图 6-6 不同覆盖度的林地的产流量

由图6-6中可以看出：同一年份，低覆盖度的林地产流量略大于高覆盖度的林地；不同年份，随着林地覆盖度的增加产流量呈增加趋势，这与有效降雨量的增加有关系。

(五) 水土保持工程措施对坡面产流的影响

水土保持工程措施通过改变径流产生与汇集的下垫面条件而间接影响坡面产流量（张海等，2007；李秋艳等，2009；韩玉国等，2010）。选取南山径流场中的两个水保工程小区，对其1988—1990年的观测数据进行坡面产流与不同水保工程措施之间关系的相关分析，其中一个小区的水保工程措施为鱼鳞坑（SE1），另一个小区的水保工程措施为水平阶（SE2），另外再选择一个天然荒坡小区作为对照（SE3）。各小区基本特征如表6-6所示。

图6-7显示了1988—1990年不同水保工程措施小区和天然荒坡小区的径流量的变化。在特定的地形、植被覆盖度相同的条件下，有水保工程措施（鱼鳞坑、水平阶）的坡面径流小区的径流量比天然荒坡地的径流量要大大减少。

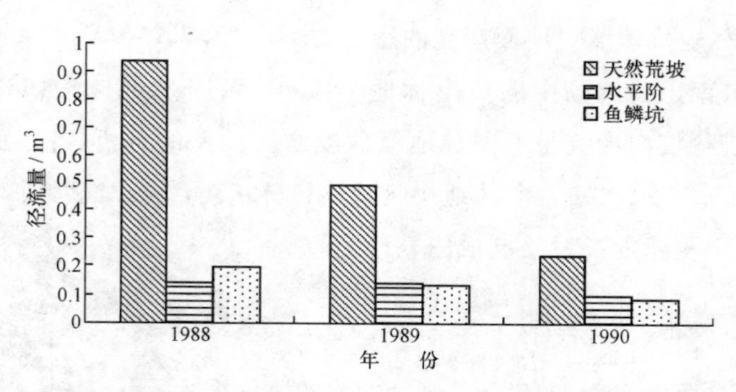

图 6-7 不同水保工程措施(水平阶、鱼鳞坑)小区和天然荒坡的年产流量

选取五道沟径流场中的 2 个农地小区,对其 1981—1986 年的观测数据进行坡面产流的分析,其中一个为梯田小区(SC2),另一个是作为对照分析的坡耕地小区(SC1)。两小区基本特征如表 6-7 所示,其 1981—1986 年产流量的变化如图 6-8 所示。与坡耕地小区相比,梯田小区的坡面径流量大大减少。

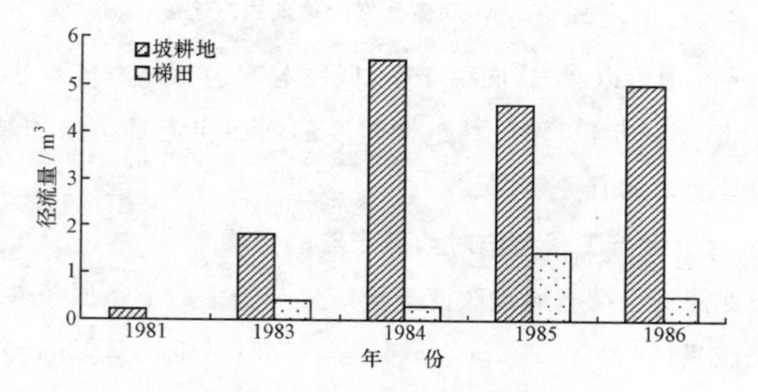

图 6-8 梯田和坡耕地的年产流量

根据上述分析,水土保持工程措施(水平阶、鱼鳞坑、梯田)通过改变下垫面状况,可以有效拦蓄径流,从而削弱降雨特征对径流的影响。

(六) 坡面径流小区产流量统计规律

通过对冀北土石山区不同类别的坡面径流小区产流量的变化与影响产流量的各个因素之间的关系进行相关分析,可得出如下结论:

(1) 在坡长、坡宽、径流小区面积相差不大,地表无任何植被覆盖的条件下,坡面径流小区的年径流量随坡面坡度的增加出现先增后减的趋势，坡度临界值在 11°00′左右。

(2) 在坡度相差不大，地表无任何植被覆盖的条件下，坡面径流小区的年径流量随坡面长度的增加而增加。

(3) 不同坡度和不同坡长条件下，径流量与有效降雨量及平均降雨强度都成正相关，但与有效降雨量的相关系数要大于平均降雨强度的相关系数且在 0.01 水平上显著，与平均降雨强度的相关系数不显著。这说明在冀北土石山区，影响坡面产流量的降雨因子主要为有效降雨量。

(4) 在特定的地形条件下，坡面径流小区的径流量随着植被覆盖度的增加而减少。但覆盖度为 60%和 90%的草地坡面径流小区，两者的径流量相差甚小，说明在水土保持治理过程中存在着临界植被覆盖度。

(5) 水土保持工程措施(水平阶、鱼鳞坑、梯田等)通过改变下垫面状况，可以有效拦蓄径流，从而削弱降雨特征对径流的影响。

综上所述，坡面径流是产生水土流失的主导因子，所以治理水土流失必须把防治坡面径流放在首要位置。根据坡面径流的运行规律及其影响因素，减小坡面径流的径流量，减缓坡面径流的径流速度，达到治理水土流失的目的。应充分考虑减小坡度，改变微小地形，减弱水土流失强度；通过减小坡长、缩小产流面来切断径流线，从而减小径流量和径流速度；针对水土保持治理过程中存在的临界植被覆盖度问题，合理调整土地利用结构，适当增加地面植被覆盖，增加降雨截留和土壤入渗，有效控制坡面径流量和水土流失量；植物措施与梯田、水平阶、鱼鳞坑等工程措施相结合，在降雨条件下可有效拦截径流，控制土壤流失，从而达到更好的水土保持效果，实现水土资源的高效持续利用。

然而，坡面径流量受多种因素综合作用的影响。在进一步的研究中，有待于加强该区域不同植被条件、不同降雨强度、降雨历时和雨型等对坡面径流的影响方面的研究，以期更好地揭示区域水土流失的规律。

6.2.3 水土保持坡面措施减水量的确定

(一) 资料选用

根据对冀北山地内的坡面径流小区产流规律及其影响因素的分析，

在综合考虑产流影响因素、坡面径流小区观测内容与观测系列、观测数据的合理性与可靠性的基础上，结合潮河流域坡面水土保持措施布设的实际情况，选取河北省承德市五道沟径流场作为代表小区，将措施区与对照区系列采用水平梯田-坡耕地、人工林地-荒草坡对比系列。对比小区坡度均在20°以上，林地植被覆盖度或郁闭度均大于30%，对于缺测或有疑问的资料予以舍弃。采用的对比系列小区的基本情况如表6-10、6-11所示。

表6-10 五道沟径流场水平梯田-坡耕地对比小区基本情况

小区	坡度	坡长/m	坡宽/m	面积/m²	观测年份	地表情况	建立时间
坡耕地（对照区）	29°11′	19.80	6.78(上) 6.00(下)	110.5	1981—1983年	种植玉米，长势弱，覆盖度40%	1979年
					1984年	种植谷子，长势弱，覆盖度25%	
			5.40	93.37	1985—1986年	种植玉米，长势中，覆盖度50%	
水平梯田（措施区）	29°11′	—	—	123.5	1981—1983年	种植玉米，田面52.5%，地坝47.5%，长势弱，覆盖度40%	1979年
					1984年	种植谷子，长势弱，覆盖度25%	
				97.4	1985—1986年	种植玉米，田面48.3%，地坝51.7%，长势中，覆盖度50%	

表6-11 五道沟径流场人工林地-荒草坡对比小区基本情况

小区	坡度	坡长/m	坡宽/m	面积/m²	观测年份	地表情况	建立时间
荒草坡（对照区）	28°35′	11.98	3.03	31.70	1981—1984年	荒草，覆盖度45%	1981年
		12.13	3.00	31.95	1985年		
林1（措施区）	23°50′	14.9	4.50	57.5	1982—1984年	天然坡面，黑松，郁闭度35%	1982年
			4.3	56.6	1985年		
林2（措施区）	29°37′	11.22	5.00	49.0	1981—1985年	天然坡面，黑松，郁闭度35%	1981年
林3（措施区）	36°26′	25.86	3.80	89.2	1982—1984年	天然坡面，落叶松，郁闭度35%	1982年
		27.95	3.85	86.5	1985年		

（续表）

小区	坡度	坡长 /m	坡宽 /m	面积 /m^2	观测年份	地表情况	建立时间
林 4（措施区）	33°36′	23.2	3.63	69.8	1982—1984 年	天然坡面，杨树，郁闭度 30%	1982 年
		23.4	3.85	74.5	1985 年		
林 5（措施区）	29°21′	18.25	4.04	64.2	1982—1984 年	刺槐，郁闭度 40%，地表覆盖度 70%	1982 年
		18.45	4.13	66.3	1985 年		
林 6（措施区）	30°27′	47.20	3.92	159.5	1982—1984 年	刺槐，郁闭度 40%，地表覆盖度 70%	1982 年
		47.63	3.87	158.9	1985 年		

（二）坡面尺度水平梯田、林地减水效应的估算

1. 水平梯田减水效应

将不同年份水平梯田小区的年径流模数分别与相应年份坡耕地小区的年径流模数进行比较，即可得到不同年份水平梯田的减水定额和减水效应，见表 6-12。

表 6-12 水平梯田减水效应

年份	坡耕地年径流模数 (m^3/km^2)	水平梯田年径流模数 (m^3/km^2)	水平梯田减水定额 (m^3/hm^2)	水平梯田减水效应 (%)
1983 年	16 561.1	3247	133.14	80.4
1984 年	50 090.5	2655.9	474.35	94.7
1985 年	49 244.9	15 154	340.91	69.2
1986 年	53 411.2	5359.3	480.52	90.0
平均值	42 327	6604	357.23	83.6

由表 6-12 中可见：与坡耕地相比，水平梯田的减水定额在 133～481 m^3/hm^2 之间，这与各年份的汛期降雨量不同有关系，汛期降雨量不同导致了产流降雨量即有效降雨量的不同。水平梯田减水定额平均为 357.23 m^3/hm^2，年减水效应平均为 83.6%。

2. 林地减水效应

将不同年份人工林地小区的年径流模数分别与相应年份荒草坡小区的年径流模数进行比较，即可得到不同年份人工林地的减水定额和减水效应，见表 6-13。

表 6-13 林地减水效应

对比小区		1982 年	1983 年	1984 年	1985 年	平均值
荒草坡	年径流模数/($m^3 \cdot km^{-2}$)	8738.2	11640.4	10157.7	5395.9	8983.1
林 1	年径流模数/($m^3 \cdot km^{-2}$)	2800	887	591.3	1533.6	1453
	减水定额/($m^3 \cdot hm^{-2}$)	59.4	107.5	95.7	38.6	75.3
	减水效应/(%)	68	92.4	94.2	71.6	83.8
林 2	年径流模数/($m^3 \cdot km^{-2}$)	2457.1	4.1	404.1	3283.7	1537.2
	减水定额/($m^3 \cdot hm^{-2}$)	62.8	116.4	97.5	21.1	74.5
	减水效应/(%)	71.9	99.96	96	39.1	82.9
林 3	年径流模数/($m^3 \cdot km^{-2}$)	571.7	224.2	560.5	793.1	537.4
	减水定额/($m^3 \cdot hm^{-2}$)	81.7	114.2	96	46	84.5
	减水效应/(%)	93.5	98.1	94.5	85.3	94
林 4	年径流模数/($m^3 \cdot km^{-2}$)	2650.4	200.6	1375.4	3879.2	2026.4
	减水定额/($m^3 \cdot hm^{-2}$)	60.9	114.4	87.8	15.2	69.6
	减水效应/(%)	69.7	98.3	86.5	28.1	77.4
林 5	年径流模数/($m^3 \cdot km^{-2}$)	1105.9	0	376.9	3704.4	1296.8
	减水定额/($m^3 \cdot hm^{-2}$)	76.3	116.4	97.8	16.9	76.9
	减水效应/(%)	87.3	100	96.3	31.3	85.6
林 6	年径流模数/($m^3 \cdot km^{-2}$)	215	739.8	290.9	1640.7	721.6
	减水定额/($m^3 \cdot hm^{-2}$)	85.2	109	98.7	37.6	82.6
	减水效应/(%)	97.5	93.6	97.1	69.6	92

由表 6-13 中可见：人工造林的减水定额在 15～116 m^3/hm^2 之间，平均为 69.6～84.5 m^3/hm^2，年减水效应平均为 77.4%～94%。各个林地小区不同年份减水定额与减水效应各不相同，这不仅与不同年份的汛期降雨量不同有关系，还与树种、林龄、郁闭度直接有关。

6.2.4 流域水土保持措施减水效应评估

(一) 影响坡面径流小区与流域水保措施减水量的主要因素

导致坡面径流小区尺度与流域尺度水土保持措施减水量存在差异的因素主要有：坡面径流小区观测系列和流域计算水土保持措施减水效应的年系列的水文周期性影响的时段差异；由于降雨分布不均匀以及水土保持治理水平、水土保持措施的配置、水土保持措施的质量不同等所导致的坡面径流小区的产流强度与流域内天然坡面的产流强度的点面差异。

（二）不同降水水平年水土保持坡面措施的减水定额

为了改善坡面径流小区观测系列和流域计算水土保持措施减水效应的年系列的水文周期性影响的时段差异，在此先对潮河流域降水年系列（1961—2005年）按不同降水保证率划分降水水平年，然后将小区观测系列（1981—1986年）定位于流域年系列中。

根据对潮河流域1961—2005年汛期（6—9月）降水量的分析，按降水保证率$P<25\%$为丰水年、$P>75\%$为枯水年、$25\%<P<75\%$为平水年对流域降水年进行了划分。在流域降水年系列中，1982年和1986年为丰水年，1984年为枯水年，1983年和1985年为平水年。

根据对坡面径流小区水平梯田、林地减水效应的分析并结合对不同降水年的划分，确定丰、平、枯不同降水年份水平梯田和林地的减水定额。由于水平梯田-坡耕地对照系列只有一组，在此取1986年水平梯田的减水定额为丰水年减水定额，1984年水平梯田的减水定额为枯水年减水定额，1983年和1985年的水平梯田的减水定额的平均值为平水年减水定额（表6-14）。人工林地-荒草坡对比系列有六组，在此取1982年林1～林6小区的减水定额平均值为丰水年减水定额，取1984年林1～林6小区的减水定额平均值为枯水年减水定额，将1983年林1～林6小区的减水定额平均值与1985年林1～林6小区的减水定额平均值再取平均作为平水年减水定额（表6-14）。

表6-14　不同降水水平年坡面径流小区水平梯田和林地的减水定额

措施	丰水年减水定额（m^3/hm^2）	平水年减水定额（m^3/hm^2）	枯水年减水定额（m^3/hm^2）
水平梯田	480.52	237.03	474.35
人工林地	71.05	71.11	95.58

在坡面径流小区尺度上，水平梯田在丰水年、平水年、枯水年的减水定额分别为480.52 m^3/hm^2、237.03 m^3/hm^2、474.35 m^3/hm^2；人工林地在丰水年、平水年、枯水年的减水定额分别为71.05 m^3/hm^2、71.11 m^3/hm^2、95.58 m^3/hm^2。

需要指出的是，水平梯田当年修建后就可以发挥蓄水效益；而人工造林则不然，幼林郁闭度小，地被物差，因而减水作用并不显著，随着林木的逐年增长，减水作用会越来越明显。

(三) 不同降水水平年流域水土保持措施的减水定额

由于坡面径流小区与流域尺度不同，因此由小尺度的坡面径流小区试验观测数据得到的水土保持坡面措施的减水定额不能直接用于较大尺度的潮河流域的水土保持措施减水量的估算。为了将坡面小区措施减水定额应用于大流域上，必须进行水土保持措施减水定额的尺度转换。

汛期降雨量是潮河流域地表径流量的主要来源，也是影响水土保持措施减水量的主要因素。不同年份各个小区的汛期降雨量不同，直接影响坡面产流量及各项水土保持措施的减水量。以汛期降雨量为联系坡面径流小区与流域的纽带，通过分析坡面径流小区与流域的汛期降雨量统计规律与特性，来改善或消除点面差异。将 1981—1986 年五道沟径流场汛期降雨量和潮河流域汛期降雨量的关系点绘于图 6-9。

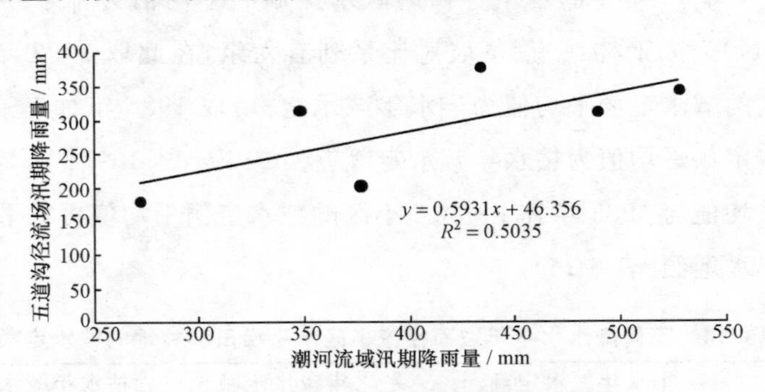

图 6-9 五道沟径流场-潮河流域汛期降雨量的关系

由图 6-9 中可见，坡面径流小区汛期降雨量和潮河流域汛期降雨量相关性较好(相关系数为 0.7096)。潮河流域 1961—2005 年的 45 年汛期降雨量的平均值为 402 mm，而五道沟径流场观测系列 1981—1986 年的汛期降雨量的平均值为 288 mm。由此可见，坡面径流小区观测系列的汛期降雨量值较潮河流域的偏低，因而其减水定额相对偏小。在此，用流域多年平均汛期降雨量和小区观测系列平均汛期降雨量的比值(为 1.40)

对小区水平梯田和林地的减水定额进行修正后，获取不同降水水平年流域水平梯田和林地的减水定额(见表 6-15)。

表 6-15 不同降水水平年流域水平梯田和林地的减水定额

措施	丰水年减水定额 (m^3/hm^2)	平水年减水定额 (m^3/hm^2)	枯水年减水定额 (m^3/hm^2)
水平梯田	672.73	331.84	664.09
人工林地	99.47	99.55	133.82

在流域尺度上，水平梯田在丰水年、平水年、枯水年的减水定额分别为 672.73 m^3/hm^2、331.84 m^3/hm^2、664.09 m^3/hm^2；人工林地在丰水年、平水年、枯水年的减水定额分别为 99.47 m^3/hm^2、99.55 m^3/hm^2、133.82 m^3/hm^2。

(四) 不同降水条件下潮河流域水土保持措施的减水效应分析

不同降水水平年流域水土保持措施减水量计算公式为

$$R = \sum_{i=1}^{n} R_i \times F_i \tag{6-6}$$

$$R_i = R_i' \times \alpha \tag{6-7}$$

式中：R 为不同降水水平年流域水土保持措施减水量，m^3；R_i 为不同降水水平年流域单项水土保持措施减水定额，m^3/hm^2，i 为水土保持措施的种类，$i=1,2,\cdots,n$；F_i 为单项水土保持措施的面积，hm^2；R_i' 为不同降水水平年坡面径流小区单项水土保持措施减水定额，m^3/hm^2；α 为点面修正系数，取 1.40。

将表 6-15 中不同降水水平年的水土保持措施减水定额及相应年份的水土保持措施面积代入公式(6-6)中，可求得逐年水土保持措施的减水量，与相应年份或时段的天然径流量进行比较，即可求得该年或该时段的减水效应。潮河流域不同时段的水土保持措施年均减水量及减水效应见表 6-16。

表 6-16 潮河流域水土保持措施的减水效应

减水效应	1961—1980 年	1981—1990 年	1991—2000 年	2001—2005 年	1981—2005 年
减水量/(10^8 $m^3 \cdot a^{-1}$)	0.17	0.25	0.38	0.44	0.34
减水效应/(%)	4.61	10.61	11.43	27.15	13.08

由表6-16中可见：1981—1990年，水土保持措施年均减水效应为10.61%；1991—2000年，水土保持措施年均减水效应为11.43%；2001—2005年，水土保持措施年均减水效应为27.15%。整个措施期（1981—2005年），水土保持措施的年均减水效应为13.08%。

应当指出的是，坡面径流小区观测的径流基本上都是地表径流。实际上，梯田和林草地截留的径流，有一部分入渗补给地下水。因而，这种方法一般过高估计了水土保持措施的减水效应。

第7章　不同水土保持措施配置方案对流域年径流量的影响

水土保持是我国生态建设的主体工程，是可持续发展战略的重要组成部分(刘震，2003)，在减轻区域土壤侵蚀、改善农业生产条件、减轻下游水沙灾害等方面发挥了显著的生态、经济及社会效益(唐克丽等，2004)。然而，水土保持生态建设对流域年径流量的变化有着直接或间接的影响。水土保持措施可对流域内的径流进行直接拦蓄从而影响流域径流量，使流域土地覆被发生一定的变化，从而改变了径流产生与汇集的下垫面条件间接影响流域径流量；林草植被蒸散发也需要消耗部分水量。这些必然在一定程度上影响流域的总产水量，从而也影响了进入河川的总径流量(沈国舫等，2001；景可等，2005)。由于影响因素、物质形态和径流调控机理不同，水土保持各类措施对流域的产水量具有不同的影响。对于同一个水土流失类型区，如果治理度相同，而不同措施的配置比例不同，其综合治理的水文水资源效应可能会有很大的差异(姚文艺等，2004；陈江南等，2005)。因此，流域不同水土保持治理措施类型的配置方案对河川径流量的影响程度也是不同的。流域下游一般都是城市密集区，是区域社会经济发展的重点地区，也是需要水资源保证的重点地区。流域内的社会经济发展与生态建设对水资源的依赖性也非常大。在水土保持生态建设中，根据当地水土流失、社会经济发展水平等现实状况，优化水土保持措施类型配置方案，实施节水型水土保持，这是当前解决流域生态建设与下游水资源供给矛盾的一条重要途径。

潮河流域是北京市主要地表水水源地——密云水库的集水流域。20世纪80年代以来，国家和地方政府为防治水土流失、保护密云水库的水质，在潮河流域开展了大规模的水土保持生态建设。这些水土保持措施在减少流域土壤侵蚀的同时，对入库水量也会产生一定的影响。随着近年来密云水库入库径流量的急剧减少以及北京市水资源供需矛盾的加剧，准确评估各种水土保持措施的水资源效应，预测不同水土保持措施配置方案下流域年径流量的变化情况，优选水土保持措施配置方案，可为调整流域生态建设策略和统筹协调上游生态建设与下游地区水资源供给矛盾提供科学依据。

本章借助于第6章估算的不同降水水平年潮河流域水平梯田和林地的减水定额，结合潮河流域2005年的水土流失状况，基于水土保持的生态、经济、社会三大目标以及保证粮食生产区域自给和增加植被覆盖率两项原则，建立水土保持措施配置方案，预测不同水土保持措施配置体系下流域年径流量的变化情况，为流域综合治理提供政策启示。

7.1 不同水土保持措施配置方案的建立

7.1.1 建立不同水土保持措施配置方案的原则

水土保持的目标主要是减少水土流失，保护水土资源。但随着社会发展、科技进步以及思想观念的变化，水土保持的概念也被赋予了新的内涵。现阶段的水土保持已成为综合性的治理工程，治理目标也更加多样化，涵盖生态、经济和社会三大目标。

对于特定区域的水土流失治理，三个目标在效益上往往是相互矛盾的。如果要提高林草覆盖率，保证较高的生态效益，势必要影响到粮食生产和经济收入目标，降低这两项目标中的一项或两项。如果大幅度提高粮食产量，那么用于发展经济林和生态林的土地面积就要相应减少，也会影响生态效益和经济效益。而如果要提高经济目标，生态目标和粮食生产目标则都有可能减少。因此，在制订水土保持规划时，必须结合区域实际情况，依据一定的原则科学设计水土保持措施配置方案。

首先，水土保持措施配置必须保证农民的粮食安全。这与我国目前土地必须同时承担经济和社会保障两项功能是相符的。本研究的研究区域——潮河流域，是一个人多地少、土地生产力低下、经济落后的区域。2005年流域坡耕地面积占耕地总面积的48.7%，很大一部分粮食来源于坡耕地。坡耕地不仅是水土流失发生地，也是河川泥沙的主要来源区，水土流失治理就必须对坡耕地进行改造，而坡耕地改造有坡改梯和退耕还林还草两种途径。对贫困山区来说，退耕还林还草意味着粮食生产的减少。为了保证区域粮食安全，保持社会稳定，流域内的的坡耕地就不能完全退耕还林还草，必须将一定数量的坡耕地改造为水平梯田作为基本农田。

其次，水土保持措施配置必须安排适当比重的植物措施。植被覆盖度大小是决定水土流失强弱的主要因素之一，植被覆盖度增加可以有效地保护水土资源，同时减少输入下游河道的泥沙与面源污染物，也有利于减缓洪涝灾害，维持生态安全。

当然，水土保持不仅要有生态效益，还要有经济效益。近年来我国的水土保持策略中已将开发寓于治理之中，水土流失治理过程中不仅考虑到水土保持措施保水保土的生态功能，更考虑到这些措施应给当地农民带来经济效益。不同的水土保持措施具有不同的经济效益，生态林、经济林以及坡改梯等都有直接的经济收益。但生态林的主导功能是维持生态，坡改梯的目的是保证区域粮食安全，二者经济效益有限，较大幅度提高经济收益还需依靠经济林。本研究中论述的水土流失治理措施主要有工程措施中的坡改梯和植物措施中的造林(生态林、经济林)、自然封禁。受数据来源的限制，造林措施中没有具体区分经济林和生态林及其所占比例。因此，在水土保持措施配置方案的设计中，无法考虑增加农民经济收益这一原则。

7.1.2 不同水土保持措施配置方案

设定流域内所有水土流失面积皆得到治理，依据粮食生产区域自给和增加植被覆盖率这两项原则，设计了两种水土保持措施配置方案，即粮食保障方案和生态优先方案。为了便于对比分析，将“综合水保方案”作为第三种方案，即根据这个地区水土流失治理方案中通常采用的各种措施的搭配比例来设计未来水土保持措施配置方案。粮食保障方案在水土保持措施配置的设计过程中首先考虑农民的粮食安全问题，即首先保证一定规模的坡改梯措施，然后再考虑其他生态恢复方面的措施；而生态优先方案在生态、粮食保障两者中首先考虑生态目标，所有水土流失面积治理中将生态措施作为首选措施，即现有坡耕地以退耕还林还草为主，荒山荒坡也以生态恢复为主，其他措施都处于次要地位。

(一) 粮食保障方案(P_1)

2005 年流域耕地面积为 27 055.2 hm^2(河北省滦平县统计局，2006；河北省丰宁县统计局，2006)，其中坡耕地面积 13 164.5 hm^2，占耕地面积的 48.7%。根据对流域 1996—2005 年粮食产量、播种面积、人口数的统计，粮食产量只有 3105 kg/hm^2，人均粮食产量 280 kg 左右。按小康水平的下限人均粮食 400 kg 计算，粮食缺口为 120 kg/人，必须人均 0.082 hm^2 以上的基本农田才能保证粮食的基本需求。根据人均占有基本农田的数量、基本农田粮食产量、粮食安全状态下的人均粮食占有量等指标，计算出人均增加基本农田的数量，在此基础上进一步计算出全区坡改梯的规模。为了保障农民的粮食安全，全区需要通过坡改梯增加基本农田 12 480.67 hm^2(表 7-1)。

表 7-1 潮河流域坡改梯、生态林面积

耕地面积/hm^2	人口/万人	人均耕地/(hm^2·人$^{-1}$)		基本农田定额	基本农田缺额	坡改梯面积/hm^2	生态林面积/hm^2
		耕地	其中基本农田	hm^2·人$^{-1}$	hm^2·人$^{-1}$		
27 055.20	32.28	0.084	0.043	0.082	0.039	12 480.67	123 209.33

粮食保障方案设计时首先考虑的是粮食安全，其次是生态安全。由于流域内水土流失面积较大，治理任务重，再加上水保资金有限，近期大面积全部造林进行水土流失治理是不太现实的，部分可实行自然封禁。

潮河流域属于中温带向暖温带过渡的区域，年均降水量 500 mm 左右，自然植被以针阔叶混交林为主。从理论上说，该区域除少数坚硬的裸岩区外，其他地区只要实施自然封禁，都能够恢复良好的植被覆盖，起到保护水土的作用。虽然自然封禁成本较低，但由于流域内人均土地有限，土地压力大，也不可能实施大范围的自然封禁。根据对流域土地利用结构的分析，荒山荒坡和难利用地的土地面积大约占到土地总面积的 20%左右，这部分面积可实行自然封禁。考虑到水保资金的限制，也可以将少部分灌木林和疏林地实行自然封禁。根据专家经验，该流域自然封禁的面积以不超过水土流失面积的 40%为宜，按此比例计算出流域的封禁面积为 90 460 hm^2。生态林的建设规模为流域水土流失面积除去坡改梯面积和自然封禁面积的剩余部分。2005 年流域内需要治理的水土流失面积为 2261.5 km^2，减去坡改梯面积 12 480.67 hm^2，再减去自然封禁面积 90 460 hm^2，尚有 123 209.33 hm^2 作为生态林建设面积(表 7-1)。

由于没有考虑到从水土保持中大幅增加经济收入，因而也就没有考虑发展经济林。

(二) 生态优先方案(P_2)

生态优先方案中未考虑到粮食安全保障，更多的是考虑生态安全，因此方案的措施配置中未将坡改梯措施列入必要措施，只考虑生态修复措施。生态修复的规模即为流域内需要治理的水土流失面积，为 226 150 hm^2。生态优先方案中有两种情景可以考虑：P_{21}——为了使水土保持成本减至最低，全部实行自然封禁；P_{22}——不考虑水土保持成本，只考虑最大程度地增加植被覆盖度，全部进行造林(不区分生态林和经济林)。

(三) 综合水保方案(P_3)

对流域内 2001—2005 年实施的“21 世纪初期首都水资源可持续利用规划”项目中各项水土保持措施的配置比例进行统计，水平梯田、造林、封育治理面积分别占水土流失治理面积的 11%、65%和 24%。按照此比例设计流域内需进行水土流失治理的面积中各项措施的配置方案，即流域内需要治理的水土流失面积 226 150 hm^2 中，坡改梯面积为 24 332.34 hm^2，造林147 763.36 hm^2，自然封禁54 054.30 hm^2。

7.2 不同降水水平年流域不同水土保持措施配置方案的减水量

根据上述建立的三种水土保持措施配置方案，结合第6章计算的不同降水水平年潮河流域水平梯田和林地的减水定额，即水平梯田在丰水年、平水年、枯水年的减水定额分别为672.73 m^3/hm^2、331.84 m^3/hm^2、664.09 m^3/hm^2，人工林地在丰水年、平水年、枯水年的减水定额分别为99.47 m^3/hm^2、99.55 m^3/hm^2、133.82 m^3/hm^2，得到各方案在丰水年、平水年、枯水年的减水量与目前实际水土保持状况下的减水量的差值，以及该差值占流域多年平均实测径流量（以潮河流域入密云水库控制站下会站1961—2005年的逐年实测径流量作为流域年径流量，流域多年平均年径流量为2.72×10^8 m^3）的比例，以说明不同水土保持措施配置方案对流域年径流量的影响。计算结果见表7-2。

表7-2 不同降水水平年潮河流域不同水土保持措施配置方案的减水量

水土保持措施配置方案	丰水年		平水年		枯水年	
	减水量/10^8 m^3	占流域多年平均径流量的比例/(%)	减水量/10^8 m^3	占流域多年平均径流量的比例/(%)	减水量/10^8 m^3	占流域多年平均径流量的比例/(%)
P_1	0.21	7.59	0.16	6.03	0.25	9.11
P_{21}	0	0	0	0	0	0
P_{22}	0.22	8.27	0.23	8.28	0.30	11.13
P_3	0.31	11.42	0.23	8.38	0.36	13.21

由表7-2可见，不同的水土保持措施配置方案在不同的降水水平年对流域年径流量的影响是不一样的。

在粮食保障方案（P_1）中：与目前实际水土保持状况相比，丰、平、枯水平年减水量分别增加了0.21、0.16和0.25×10^8 m^3，分别占流域多年平均径流量的7.59%、6.03%及9.11%。

在生态优先方案(P_2)中:全部实施自然封禁后(P_{21}),丰、平、枯水平年减水量与实际状况下没有差别;全部造林后(P_{22}),与实际状况相比,丰、平、枯水平年减水量分别增加了0.22、0.23、0.30×10^8 m^3,分别占流域多年平均径流量的8.27%、8.28%和11.13%。

在综合水保方案(P_3)中:与实际状况相比,丰、平、枯水平年减水量分别增加了0.31、0.23、0.36×10^8 m^3,分别占流域多年平均径流量的11.42%、8.38%和13.21%。

在上述几种方案中:枯水年的减水量最大,约为9%~13%;丰水年的减水量次之,约为8%~11%;平水年的减水量最小,约为6%~8%。

7.3 流域水土保持生态建设的政策启示

根据不同降水水平年潮河流域不同水土保持措施配置方案对年径流量影响程度的模拟结果,得到下文所述的政策启示。

(1) 潮河流域水土保持生态建设会使年径流量有所减少,在一定程度上影响了密云水库入库水量的多少,从而会减少北京市的一部分供水量。即使流域内所有水土流失面积皆得到治理,在所有方案中,新增水土保持措施的减水量占流域多年平均径流量的比例最大为13.21%(枯水年),最小为6.03%(平水年)。

(2) 在所有水土保持措施配置方案中,全部实施自然封禁的水土保持方案是对流域径流量影响程度最小的方案。虽然自然封禁初期对流域径流量没有影响;但随着封育时间增长,生态效益逐渐增加,对径流量的影响也会增大。自然封禁成本相对较低,但就流域目前的经济发展水平而言,不可能实施大面积封禁。

(3) 在所有水土保持措施配置方案中,全部造林方案虽然能大幅度提高流域的植被覆盖度,但对流域径流量的影响程度也较大,不是一种理想的节水型的水土保持方案。再加上投入大、产出小,仅有生态效益没有经济效益,这样的水土保持措施配置方案是很难持久的。

(4) 在所有水土保持措施配置方案中，根据流域内目前实施的各项水土保持措施的比例而设计的综合水保方案，对流域径流量的影响程度最大。虽然该方案也考虑了保障农民的粮食安全，提高流域的植被覆盖度，但就潮河流域作为京津的重要水源地和绿色生态屏障的战略地位而言，科学地配置各项水土保持措施的比例，实施节水型的水土保持综合治理方案，为流域及京津冀地区社会经济的可持续发展提供量多质优的水资源具有同样重要的意义。

(5) 粮食保障方案是指首先在保障农民粮食安全的前提下，再考虑提高流域的植被覆盖度，比较符合经济社会发展现实，对流域径流量的影响程度也比较小。但该方案还应当本着提高农民经济收入的原则，合理配置经济林的比例。只有既考虑生态效益又顾及经济效益的水土保持措施才会有生命力。

应当指出的是，虽然水土保持生态建设会减少潮河流域的径流量，但水土保持在防治流域土壤侵蚀、削减洪峰、减少密云水库的入库泥沙量、保护密云水库的水质等方面起着重要的作用。如何在水土保持生态建设中，保护好水资源，实现区域社会经济与自然的和谐发展，这是潮河流域水土保持生态建设需要面对的重要问题。

参考文献

[1] 摆万奇,赵士洞.土地利用变化驱动力系统分析.资源科学,2001,23(3):39—41.

[2] 包为民.水土保持措施减水减沙效果分离评估研究.人民黄河,1994,(1):23—26.

[3] 北京市潮白河管理处.潮白河水旱灾害.北京:中国水利水电出版社,2004.

[4] 蔡强国,王贵平,陈永宗.黄土高原小流域侵蚀产沙过程与模拟.北京:科学出版社,1998.

[5] 蔡新广.石匣小流域水土保持措施蓄水保土效益试验研究.资源科学,2004,26(增刊):144—150.

[6] 曹文洪,姜乃森,付玲燕.浑河流域水土保持减水减沙效益分析.人民黄河,1993,(11):18—21.

[7] 车洪军,程兵峰,王秀丽.密云、官厅水库 2003 年来水量较少原因分析.海河水利,2004,(2):17—18.

[8] 陈霁巍,穆兴民.黄河断流的态势、成因与科学对策.自然资源学报,2000,15(1):31—35.

[9] 陈江南,王云璋,徐建华等.黄土高原水土保持对水资源和泥沙影响评价方法研究.郑州:黄河水利出版社,2004.

[10] 陈江南,姚文艺,李勉等.清涧河流域不同水土保持措施配置下蓄水拦沙效益分析.水力发电,2005,31(6):9—11.

[11] 陈军锋,李秀彬.森林植被变化对流域水文影响的争论.自然资源学报,2001,16(5):474—480.

[12] 陈军锋,李秀彬,张明.模型模拟梭磨河流域气候波动和土地覆被变化对流域水文的影响.中国科学 D 辑,2004,34(7):668—674.

[13] 陈利群,刘昌明.黄河源区气候和土地覆被变化对径流的影响.中国环境科学,2007,27(4):559—565.

[14] 陈志恺.21 世纪中国水资源持续开发利用问题.中国工程科学,2000,2(3):

7—11.

[15] 陈中方.常家沟水土保持试验站各种水土保持措施减沙效果的对比分析.泥沙研究,1985,(3):88—93.

[16] 邓慧平,李秀彬,陈军锋等.流域土地覆被变化水文效应的模拟——以长江上游源头区梭磨河为例.地理学报,2003,58(1):53—62.

[17] 丁琳霞,穆兴民.水土保持对小流域地表径流时间特征变化的影响.干旱区资源与环境,2004,18(3):103—106.

[18] 董世仁,郭景唐,满荣洲.华北油松人工林的透流、干流和树冠截留.北京林业大学学报,1987,9(1):58—68.

[19] 方海燕,蔡强国,李秋艳.黄土丘陵沟壑区坡面产流能力及影响因素研究.地理研究,2009,28(3):583—591.

[20] 丰宁满族自治县志编纂委员会.丰宁满族自治县志.北京:中国和平出版社,1994.

[21] 丰宁满族自治县水利水保局.密云水库上游潮白河流域丰宁满族自治县水土保持治理规划(1989—2000年),1989.

[22] 丰宁满族自治县水利水保局.丰宁水利志.北京:团结出版社,1995.

[23] 丰宁满族自治县水务局.丰宁潮河水源生态保护座谈会发言提纲,2005.

[24] 丰宁满族自治县水务局.丰宁满族自治县水土保持生态建设情况汇报,2005.

[25] 丰宁县水务局.丰宁县水利综合统计年报,1973—2005.

[26] 丰宁满族自治县水务局.河北省丰宁满族自治县关于潮白河流域退稻还农的报告,2006.

[27] 丰宁满族自治县水务局.丰宁满族自治县水土保持调研工作汇报提纲,2006.

[28] 封志明,刘登伟.京津冀地区水资源供需平衡及其水资源承载力.自然资源学报,2006,21(5):689—699.

[29] 冯秀兰,张洪江,王礼先.密云水库上游水源保护林水土保持效益的定量研究.北京林业大学学报,1998,20(6):71—77.

[30] 傅伯杰,陈利顶,马克明.黄土高原小流域土地利用变化对生态环境的影响——以延安市羊圈沟流域为例.地理学报,1999,54(3):241—246.

[31] 傅伯杰,邱扬,王军等.黄土丘陵小流域土地利用变化对水土流失的影响.地理学报,2002,57(6):717—722.

[32] 傅伯杰,陈利顶,蔡运龙等.环渤海地区土地利用变化及可持续利用研究.北京:科学出版社,2004.
[33] 甘卓亭,叶佳,周旗等.模拟降雨下草地植被调控坡面土壤侵蚀过程.生态学报,2010,30(9):2387—2396.
[34] 高超,翟建青,陶辉等.巢湖流域土地利用/覆被变化的水文效应研究.自然资源学报,2009,24(10):1794—1802.
[35] 高俊峰.太湖流域土地利用变化及洪涝灾害响应.自然资源学报,2002,17(2):150—156.
[36] 高小平,康学林,郭宝文.坡面措施对小流域治理的减水减沙效益分析.中国水土保持,1995,(6):13—15.
[37] 高迎春,姚治君,刘宝勤等.密云水库入库径流变化趋势及动因分析.地理科学进展,2002,21(6):546—553.
[38] 耿晓东,郑粉莉,张会茹.红壤坡面降雨入渗及产流产沙特征试验研究.水土保持学报,2009,23(4):39—43.
[39] 郭庆荣,张秉刚,钟继洪等.丘陵赤红壤降雨入渗产流模型及其变化特征.水土保持学报,2001,15(1):62—65.
[40] 郭廷辅,段巧甫.水土保持径流调控理论与实践.北京:中国水利水电出版社,2004.
[41] 海河流域水土保持监测中心站.海河流域水土保持生态建设实施建议,2005.
[42] 海河流域水土保持监测中心站.密云水库上游泥沙调查研究报告,2003.
[43] 海河流域水土保持监测中心站.海河流域第二次水土流失遥感调查与变化情况报告,2003.
[44] 韩玉国,李叙勇,段淑怀等.水土保持措施对径流泥沙及养分流失的影响.中国水土保持,2010(12):34—36.
[45] 郝建忠,熊运阜.用水文模型法计算小流域综合治理减水减沙效益方法初探.中国水土保持,1989,(1):38—41.
[46] 郝建忠.黄丘一区水土保持单项措施及综合治理减水减沙效益研究.中国水土保持,1993,(3):26—31.
[47] 郝丽娟.密云水库流域降雨径流关系变化及影响因素分析.北京水利,2004,(3):41—43.

[48] 河北省承德市水土保持科学研究所.燕山山区水土流失规律研究——径流泥沙测验资料(1980年—1995年).承德:承德市水土保持科学研究所,1998.
[49] 河北省丰宁县统计局.丰宁满族自治县统计年鉴.河南济源市北海印刷厂,2006.
[50] 河北省滦平县地方志编纂委员会.滦平县志.沈阳:辽海出版社,1997.
[51] 河北省滦平县统计局.滦平县国民经济和社会发展统计资料.河北遵化市解放印业有限公司,2006.
[52] 河北省水利厅规划处.河北省水利统计年鉴,1984—2005.
[53] 河北省水文总站.中华人民共和国水文年鉴:海河流域水文资料(第三卷第二册).
[54] 河北省统计局.河北经济年鉴.北京:中国统计出版社,2006.
[55] 河北省统计局.河北经济数典 1949—2001.石家庄:河北人民出版,2001.
[56] 侯喜禄,杜成祥.不同植被类型小区径流泥沙观测试验.泥沙研究,1985,(4):89—93.
[57] 胡传银,连光学,王保英等.何店小流域水土保持措施蓄水拦沙效益分析.中国水土保持,2004,(10):32—33.
[58] 淮委水土保持监测中心站,淮委水土保持处,河南省水文水资源局等.淮河源水流沙规律研究及水土保持工程蓄水拦沙效益评价,2005.
[59] 淮委水土保持监测中心站,淮委水土保持处,河南省水文水资源局等.颍河源水流沙规律研究及水土保持工程蓄水拦沙效益评价,2005.
[60] 黄秉维.确切地估计森林的作用.地理知识,1981,(1):1—3.
[61] 黄秉维.再谈森林的作用.地理知识,1982,(2):1—3.
[62] 黄俊,吴普特,赵西宁.坡面生物调控措施对土壤水分入渗的影响.农业工程学报,2010,26(10):29—37.
[63] 黄明斌,康绍忠,李玉山等.黄土高原沟壑区森林和草地小流域水文行为的比较研究.自然资源学报,1999,14(3):226—231.
[64] 黄明斌,刘贤赵.黄土高原森林植被对流域径流的调节作用.应用生态学报,2002,13(9):1057—1060.
[65] 黄明斌,郑世清,李玉山.流域尺度不同水保措施减水效益分割.水土保持通报,2001,21(2):4—7.

[66] 黄锡荃,李惠明,金伯欣.水文学.北京:高等教育出版社,2003.
[67] 贾绍凤.南水北调的一个替代方案——黄河中游水土保持.科技导报,1994,(9):33—35.
[68] 焦菊英,王万忠,李靖.黄土高原林草水土保持有效盖度分析.植物生态学报,2000,24(5):608—612.
[69] 焦菊英,王万忠,李靖.黄土丘陵区不同降雨条件下水平梯田的减水减沙效益分析.土壤侵蚀与水土保持学报,1999,5(3):59—63.
[70] 焦菊英,王万忠.人工草地在黄土高原水土保持中的减水减沙效益与有效盖度.草地学报,2001,9(3):176—182.
[71] 金雁海,柴建华,朱智红等.内蒙古黄土丘陵区坡面径流及其影响因素研究.水土保持研究,2006,13(5):292—295.
[72] 荆新爱,王国庆,路发金等.水土保持对清涧河流域洪水径流的影响.水利水电技术,2005,36(3):66—68.
[73] 景可,王万忠,郑粉莉.中国土壤侵蚀与环境.北京:科学出版社,2005.
[74] 康绍忠,宋孝玉.关于黄土高原生态农业建设与黄河断流的若干重大基础理论问题研究的建议.人民黄河,1999,21(3):17—19.
[75] 孔繁智,宋波,裴铁璠.林冠截留与大气降水关系的数学模型.应用生态学报,1990,1(3):201—208.
[76] 李道峰,刘昌明.基于 RS 与 GIS 技术的分布式水文模型模拟径流变化刍议.水土保持学报,2004,18(4):12—15.
[77] 李海东,宋秀清,周亚岐.水土保持措施对滦河流域径流、泥沙的影响研究(一).海河水利,2004,(1):18—21.
[78] 李海东,宋秀清,周亚岐.水土保持措施对滦河流域径流、泥沙的影响研究(二).海河水利,2004,(2):23—24.
[79] 李鸿杰,黄冠,张现召.坡耕地蓄水保土耕作法及其效益分析.水土保持通报,1992,12(6):71—77.
[80] 李丽娟,姜德娟,李九一等.土地利用/覆被变化的水文效应研究进展.自然资源学报,2007,22(2):211—224.
[81] 李丽娟,姜德娟,杨俊伟等.陕西大理河流域土地利用/覆被变化的水文效应.地理研究,2010,29(7):1233—1243.

[82] 李丽娟,郑红星. 华北典型河流年径流演变规律及其驱动力分析——以潮白河为例. 地理学报,2000,55(3):309—317.

[83] 李秋艳,蔡强国,方海燕等. 长江上游紫色土地区不同坡度坡耕地水保措施的适宜性分析. 资源科学,2009,31(12):2157—2163.

[84] 李文华,何永涛,杨丽韫等. 森林对径流影响研究的回顾与展望. 自然资源学报,2001,16(5):398—406.

[85] 李文学. 黄河断流的思考. 人民黄河,1998,20(11):1—4.

[86] 李秀彬. 全球环境变化研究的核心领域——土地利用/土地覆被变化的国际研究动向. 地理学报,1996,51(6):553—558.

[87] 李秀彬. 土地覆被变化的水文水资源效应研究——社会需求与科学问题. 见:中国地理学会自然地理专业委员会. 土地覆被变化及其环境效应. 北京:星球地图出版社,2002.

[88] 李秀彬,马志尊,姚孝友等. 北方土石山区水土流失现状与综合治理对策. 中国水土保持科学,2008,6(1):9—15.

[89] 李玉山. 黄土高原治理开发与黄河断流的关系. 水土保持通报,1997,17(6):41—45.

[90] 梁小卫,陈谦. 大规模建设淤地坝不会引起黄河断流. 中国水土保持,2003,(11):26.

[91] 刘斌,冉大川,罗全华等. 北洛河流域水土保持措施减水减沙作用分析. 人民黄河,2001,23(2):12—14.

[92] 刘昌明,钟俊襄. 黄土高原森林对年径流影响的初步分析. 地理学报,1978,33(2):112—126.

[93] 刘家冈. 林冠对降雨的截留过程. 北京林业大学学报,1987,9(2):140—144.

[94] 刘世海,余新晓,胡春宏等. 密云水库人工水源保护林降水再分配特征研究. 北京水利,2003,(1):14—16.

[95] 刘世荣,温远光. 中国森林生态系统水温生态功能规律. 北京:中国林业出版社,1996.

[96] 刘万铨. 黄土高原水土保持在黄河流域水资源开发利用中的地位和作用. 中国水土保持,1999,(11):28—31.

[97] 刘贤赵,黄明斌,康绍忠. 黄土高塬沟壑区小流域水土保持减水效益分析. 应用

基础与工程科学学报,2000,8(4):354—360.
[98] 刘向东,吴钦孝,赵鸿雁.黄土丘陵区人工油松林和山杨林冠截留作用的研究.水土保持通报,1991,11(2):4—7.
[99] 刘震.中国水土保持生态建设模式.北京:科学出版社,2003.
[100] 刘振国,付素华.密云石匣小流域水土流失规律研究.北京水利,2000,(3):11—12.
[101] 柳春生,邱进贤.桤柏混交林保持水土的效益观测.四川林业科技,1980,(2):10—13.
[102] 卢宗凡,张兴昌,苏敏等.黄土高原人工草地的土壤水分动态及水土保持效益研究.干旱区资源与环境,1995,9(1):40—49.
[103] 吕洪滨.密云水库可持续利用研究.海河水利,2004,(2):51—53.
[104] 滦平县水利志编委会.滦平县水利志.滦平:滦平县水利局,1993.
[105] 滦平县水土保持局.密云水库上游潮河流域滦平县水土保持区划与治理规划(1989—2000年),1989.
[106] 滦平县水务局.滦平县水利综合统计年报,1973—2005.
[107] 滦平县水务局.防治面源污染调查材料,2006.
[108] 滦平县水务局.在县政协视察水务项目工作座谈会上的汇报,2006.
[109] 马雪华.岷江上游森林的采伐对河流流量和泥沙悬移质的影响.自然资源,1980,(3):78—87.
[110] 马雪华.森林水文学.北京:中国林业出版社,1993.
[111] 马雪华.四川米亚罗地区高山冷杉林水温作用的研究.林业科学,1987,23(3):253—265.
[112] 密云水库上游水土资源保护领导小组办公室,水利部海河水利委员会.潮白河密云水库上游水土保持规划(1989—2000年).天津:水利部海河水利委员会,1989.
[113] 穆兴民,李靖,王飞等.基于水土保持的流域降水-径流统计模型及其应用.水利学报,2004,(5):122—128.
[114] 穆兴民,王飞,李靖等.水土保持措施对河川径流影响的评价方法研究进展.水土保持通报,2004,24(3):73—78.
[115] 穆兴民,王文龙,徐学选.黄土高塬沟壑区水土保持对小流域地表径流的影响.

水利学报,1999,(2):71—75.

[116] 穆兴民,徐学选,王文龙.黄土高塬沟壑区小流域水土流失治理对径流的效应.干旱区资源与环境,1998,12(4):119—126.

[117] 秦永胜,余新晓,陈丽华等.北京密云水库流域水源保护林区径流空间尺度效应的研究.生态学报,2001,21(6):913—918.

[118] 邱国玉,尹婧,熊育久等.北方干旱化和土地利用变化对泾河流域径流的影响.自然资源学报,2008,23(2):211—218.

[119] 曲继宗,陈乃政,郭玉记.新修梯田土壤水分状况研究.水土保持通报,1990,10(6):46—49.

[120] 屈志成,刘海平,李兆春等.京津水源地生态与水资源补偿问题.中国水利,2006,(22):39—41.

[121] 冉大川,刘斌,付良勇等.双累积曲线计算水土保持减水减沙效益方法探讨.人民黄河,1996,(6):24—25.

[122] 冉大川,刘斌,罗全华等.泾河流域水沙变化水文分析.人民黄河,2001,23(2):9—11.

[123] 冉大川,刘斌,罗全华等.泾河流域水土保持措施减水减沙作用分析.人民黄河,2001,23(2):6—8.

[124] 冉大川,柳林旺,赵力仪等.河龙区间水土保持措施减水减沙效益分析.人民黄河,1999,21(9):1—4.

[125] 冉大川,柳林旺,赵力仪等.黄河中游河口镇至龙门区间水土保持与水沙变化.郑州:黄河水利出版社,2000.

[126] 冉大川.泾河流域水沙特性及减水减沙效益分析.水土保持通报,1992,12(5):20—28.

[127] 邵景安,李阳兵.区域土地利用变化驱动力研究前景展望.地球科学进展,2007,22(8):798—809.

[128] 沈国舫,王礼先.中国生态环境建设与水资源保护利用.北京:中国水利水电出版社,2001.

[129] 沈燕舟,张明波,黄燕等.大通江、平洛河水保措施减水减沙分析.水土保持研究,2002,9(1):34—37.

[130] 石生新.几种水土保持措施对强化降雨入渗和减沙的影响试验研究.水土保持

研究，1994，1(1)：82—88.

[131] 时明立.黄河河龙区间水沙变化的水文分析.中国水土保持，1993，(4)：15—18.

[132] 宋秀清.论京津与承德滦、潮河流域生态与水资源补偿机制的建立(上).河北水利，2006，(5)：8—9.

[133] 宋秀清.论京津与承德滦、潮河流域生态与水资源补偿机制的建立(下).河北水利，2006，(6)：10—11.

[134] 孙宁.潮河流域土地利用/覆被变化对水资源影响的模拟研究.中国科学院地理科学与资源研究所博士论文，2005.

[135] 汤立群，陈国祥.水土保持减水减沙效益计算方法研究.河海大学学报，1999，27(1)：79—83.

[136] 汤立群，陈国祥.物理概念模型在水保效益评价中的应用.水利学报，1998，(9)：62—65.

[137] 唐克丽，史立人，史德明等.中国水土保持.北京：科学出版社，2004.

[138] 王根绪，张钰，刘桂民等.马营河流域1967—2000年土地利用变化对河流径流的影响.中国科学D辑，2005，35(7)：671—681.

[139] 王飞，穆兴民，张晓萍等.水土保持对偏关河径流和泥沙的影响分析.中国水土保持科学，2005，3(2)：10—14.

[140] 王国庆，兰跃东，张云等.黄土丘陵沟壑区小流域水土保持措施的水文效应.水土保持学报，2002，16(5)：87—89.

[141] 王宏，柳荣先，马勇等.河龙区间南片水土保持措施减洪减沙效益分析.人民黄河，1999，21(9)：14—16.

[142] 王宏，秦百顺，马勇等.渭河流域水土保持措施减水减沙作用分析.人民黄河，2001，23(2)：18—20.

[143] 王宏，熊伟新.渭河流域降雨产流产沙经验公式初探.中国水土保持，1994，(8)：15—18.

[144] 王宏，杨国礼，王瑞芳.渭河流域水利水保措施对泥沙、径流影响分析计算.水土保持通报，1994，14(5)：48—52.

[145] 王宏，张智忠，马勇.SCS模型在削洪减沙效益计算中的应用.水土保持科技情报，1995，(3)：40—42.

[146] 王宏,张智忠.渭河主要支流产流产沙规律及水保措施减水减沙效益.水土保持通报,1995,15(4):55—59.

[147] 王健,吴发启,孟秦倩.农业耕作措施蓄水保土机理分析.中国水土保持,2005,(2):10—12.

[148] 王礼先,孙保平,余新晓.中国水利百科全书·水土保持分册.北京:中国水利水电出版社,2004.

[149] 王秀兰,包玉海.土地利用动态变化研究方法讨论.地理科学进展,1999,18(1):81—86.

[150] 王秀颖,刘和平,刘宝元.变雨强人工降雨条件下坡长对径流的影响研究.水土保持学报,2010,24(6):1—5.

[151] 王彦辉,于澎涛,徐德应等.林冠截留降雨模型转化和参数规律的初步研究.北京林业大学学报,1998,20(6):25—30.

[152] 王中根,刘昌明,黄友波.SWAT 模型的原理、结构及应用研究.地理科学进展,2003,22(1):79—86.

[153] 王中根,刘昌明,吴险峰.基于 DEM 的分布式水文模型研究综述.自然资源学报,2003,18(2):168—173.

[154] 王中根,朱新军,夏军等.海河流域分布式 SWAT 模型的构建.地理科学进展,2008,27(4):1—6.

[155] 韦素琼,陈建飞.基于闽台对比的福建耕地变化趋势演绎.自然资源学报.2005,20(2):206—211.

[156] 卫伟,陈利顶,傅伯杰等.半干旱黄土丘陵沟壑区降水特征值和下垫面因子影响下的水土流失规律.生态学报,2006,26(11):3847—3853.

[157] 温远光,刘世荣.我国主要森林生态系统类型降水截留规律的数量分析.林业科学,1995,31(4):289—298.

[158] 吴发启,张玉斌,王健.黄土高原水平梯田的蓄水保土效益分析.中国水土保持科学,2004,2(1):34—37.

[159] 吴家兵,裴铁璠.长江上游、黄河上中游坡改梯对其径流及生态环境的影响.国土与自然资源研究,2002,(1):59—61.

[160] 吴永红,李倬,冉大川等.水土保持坡面措施减水减沙效益计算方法探讨.水土保持通报,1998,18(1):43—47.

[161] 夏军，刘孟雨，贾绍凤等．华北地区水资源及水安全问题的思考与研究．自然资源学报，2004，19(5)：550—560.

[162] 肖登攀，杨永辉，韩淑敏等．太行山花岗片麻岩区坡面产流的影响因素分析．水土保持通报，2010，30(2)：114—118.

[163] 徐海燕，赵文武，刘国彬等．黄土丘陵沟壑区坡面尺度土地利用格局变化对径流的影响．水土保持通报，2008，28(6)：49—52.

[164] 徐建华，艾南山．半干旱地区水土流失因素的定量分析——以甘肃中部半干旱地区祖历河流域为例．干旱区资源与环境，1988，(4)：49—55.

[165] 徐建华，牛玉国．水利水保工程对黄河中游多沙粗沙区径流泥沙影响研究．郑州：黄河水利出版社，2000.

[166] 许炯心，孙季．近50年来降水变化和人类活动对黄河入海径流通量的影响．水科学进展，2003，14(6)：690—695.

[167] 许炯心．黄河流域河口镇至龙门区间的径流可再生性变化及其影响因素．自然科学进展，2004，14(7)：787—791.

[168] 颜昌远．北京水资源的保护与合理开发利用．首都之窗网站．http://www.beijing.gov.cn，07/15/2002.

[169] 杨开宝，李景林，郭培才等．黄土丘陵区第Ⅰ副区梯田断面水分变化规律．土壤侵蚀与水土保持学报，1999，5(2)64—69.

[170] 杨泉，何文社．嘉陵江水土保持对三峡工程水沙的影响．兰州交通大学学报，2005，24(3)：37—40.

[171] 姚文艺，茹玉英，康玲玲．水土保持措施不同配置体系的滞洪减沙效应．水土保持学报，2004，18(2)：28—31.

[172] 叶振欧．旱梯田水分动态研究．中国水土保持，1986，(5)：17—19.

[173] 尹忠东，朱清科，毕华兴等．黄土高原植被耗水特征研究进展．人民黄河，2005，27(6)：35—37.

[174] 喻定芳，戴全厚，王庆海等．北京地区等高草篱防治坡耕地水土流失效果．农业工程学报，2010，26(12)：89—96.

[175] 于国强，李占斌，李鹏等．不同植被类型的坡面径流侵蚀产沙试验研究．水科学进展，2010，21(5)：593—599.

[176] 于静洁，刘昌明．森林水文学研究综述．地理研究，1989，8(1)：88—98.

[177] 余新晓,李秀彬,夏兵等.森林景观格局与土地利用/覆被变化及其生态水文响应.北京:科学出版社,2010.

[178] 于兴修,杨桂山,王瑶.土地利用/覆被变化的环境效应研究进展与动向.地理科学,2004,24(5):627—633.

[179] 臧淑英,冯仲科.资源型城市土地利用/土地覆被变化与景观动态.北京:科学出版社,2008.

[180] 张海,张立新,柏延芳等.黄土峁状丘陵区坡地治理模式对土壤水分环境及植被恢复效应.农业工程学报,2007,23(11):108—113.

[181] 张菲,刘景时,巩同梁等.喜马拉雅山北坡卡鲁雄曲径流与气候变化.地理学报,2006,61(11):1141—1148.

[182] 张怀,李海东.冀北土石山区生态自我修复调查研究.海河水利,2004,(5):26—30.

[183] 张会茹,郑粉莉.不同降雨强度下地面坡度对红壤坡面土壤侵蚀过程的影响.水土保持学报,2011,25(3):40—43.

[184] 张建军,贺康宁,朱金兆.晋西黄土区水土保持林林冠截留的研究.北京林业大学学报,1995,17(2):27—31.

[185] 张金慧,徐乃民.水平梯田减水减沙效益计算探讨.人民黄河,1993,(4):31—33.

[186] 张晶晶,王力.坡面产流产沙影响因素的灰色关联法分析.水土保持通报,2011,31(2):159—162.

[187] 张蕾娜.白河流域土地覆被变化水文效应的分析与模拟.中国科学院地理科学与资源研究所博士论文,2004.

[188] 张明波,郭海晋,徐德龙等.嘉陵江流域水保治理水沙模型研究与应用.水土保持学报,2003,17(5):110—113.

[189] 张明波,黄燕,郭海晋等.嘉陵江西汉水流域水保措施减水减沙作用分析.泥沙研究,2003,(1):70—74.

[190] 张天曾.从永定河东沟西沟河川特征看森林植被的水文作用.资源科学,1984,(4):90—98.

[191] 张兴昌,卢宗凡.陕北黄土丘陵沟壑区川旱地不同耕作法的土壤水分效应.水土保持通报,1994,14(1):38—42.

[192] 张永涛,王洪刚,李增印等.坡改梯的水土保持效益研究.水土保持研究,2001,8(3):9—11.

[193] 张云.官厅水库治理中环境成本补偿的模式选择.经济论坛,2006,(24):56—57.

[194] 赵鸿雁,吴钦孝.黄土高原人工油松林林冠截留动态过程研究.生态学杂志,2002,21(6):20—23.

[195] 赵俊侠,王宏,马勇等.渭河流域水沙变化原因初步分析.水土保持学报,2001,15(6):136—139.

[196] 中共滦平县委、滦平县人民政府.潮河流域水资源保护及治理情况汇报,2006.

[197] 中国环境科学研究院,北京市环境保护局.密云水库上游潮白河流域生态现状调查及其保护对策的研究,1988.

[198] 中国林学会考察组.华北地区森林涵养水源考察报告.山西林业科技动态,1982.

[199] 中国水利科技信息网.1998 水情年报. http://www.chinawater.net.cn/books/98water/.

[200] 钟壬琳,张平仓.紫色土坡面径流与侵蚀特征模拟试验研究.长江科学院院报,2011,28(11):22—27.

[201] 周璟,张旭东,何丹等.湘西北小流域坡面尺度地表径流与侵蚀产沙特征及其影响因素.水土保持学报,2010,24(3):18—22.

[202] 周圣杰,张俊.水保措施对水文情况的影响.中国水土保持,1985,(9):34—38.

[203] 朱冰冰,李占斌,李鹏等.草本植被覆盖对坡面降雨径流侵蚀影响的试验研究.土壤学报,2010,47(3):401—407.

[204] 专家论坛.我国著名水土保持专家山仑院士论黄土高原治理与黄河断流问题.水土保持通报,1999,(2).

[205] Aaron Y, Naama R Y, 2004. Hydrological processes in a small arid catchment: Scale effects of rainfall and slope length. Geomorphology, 61(1—2): 155—169.

[206] Archer D R, 2007. The use of flow variability analysis to assess the impact of land use change on the paired Plynlimon catchments, mid-Wales. Journal of Hydrology, 347: 487—496.

[207] Arnold J G, Srinivasan R, Muttiah R S, et al., 1998. Large area hydrologic modeling and assessment, Part I: Model development. Journal of the American Water Resources Association, 34(1): 73—89.

[208] Basic F, Kisic I, 2000. Runoff and soil loss under different tillage methods on Stagnic Luvisols in central Croatia. Soil & Tillage Research, 62: 145—151.

[209] Beven K J, 2000. Rainfall-Runoff Modelling. New York: John Wiley & Sons, Ltd..

[210] Bormann H, Giertz S, et al., 2005. From local hydrological process analysis to regional hydrological model application in Benin: Concept, results and perspectives. Physics and Chemistry of the Earth, 30: 347—356.

[211] Bosch J M, Hewlett J D, 1982. A review of catchment experiments to determine the effect of vegetation changes on water yield and evapotranspiration. Journal of Hydrology,55: 3—23.

[212] Bronstert A, Niehoff D, Gerd B, 2002. Effects of climate and land-use change on storm runoff generation: Present knowledge and modelling capabilities. Hydrological Processes, (16) :509—529.

[213] Brown A E, Zhang L, McMahon T A, et al., 2005. A review of paired catchment studies for determining changes in water yield resulting from alternations in vegetation. Journal of Hydrology, 310: 28—61.

[214] Buytaert W, Iniguez V, De Bievre B, 2007. The effects of afforestation and cultivation on water yield in the Andean páramo. Forest Ecology and Management, 251: 22—30.

[215] Calder I R, 1992. Hydrologic effects of land use change. In: Maidment D R. Handbook of Hydrology. New York: McGraw-Hill.

[216] Costa M H, Botta A, Cardille J A, 2003. Effects of large-scale changes in land cover on the discharge of the Tocantins River, Southeastern Amazonia. Journal of Hydrology, 283: 206—217.

[217] Croke B F W, Merritt W S, Jakeman A J, 2004. A dynamic model for predicting hydrologic response to land cover changes in gauged and ungauged catchments. Journal of Hydrology, 291: 115—131.

[218] Daniel N, Fritsch U, Bronstert A, et al., 2002. Land-use impacts on storm runoff generation: Scenarios of land-use change and simulation of hydrological response in a meso-scale catchment in SW-Germany. Journal of Hydrology, (267): 80—93.

[219] DeFries R, Eshleman K N, 2004. Land-use change and hydrologic processes: A major focus for the future. Hydrological Process, 18: 2183—2186.

[220] Fiener P, Auerswald K, 2005. Seasonal variation of grassed waterway effectiveness in reducing runoff and sediment delivery from agricultural watersheds in temperate Europe. Soil & Tillage research, 5: 1—11.

[221] Fox D M, Bryan R B, Price A G, 1997. The influence of slope angle on final infiltration rate for interrill conditions. Geoderma, 80(1—2): 181—194.

[222] Gash J H C, 1979. Analytical model of rainfall interception by forest. Quarterly J. Royal Meteor Soci., 105(443): 43—55.

[223] Gerten D, Schaphoff S Ⅱ, Haberlandt U, et al., 2004. Terrestrial vegetation and water balance-hydrological evaluation of a dynamic global vegetation model. Journal of Hydrology, 286: 249—270.

[224] Giertz S, Junge B, Diekkruger B, 2005. Assessing the effects of land-use change on soil physical properties and hydrological processes in the sub-humid tropical environment of West Africa. Physics and Chemistry of the Earth, 30: 485—496.

[225] Greenland D J, Lal R, 1977. Soil Conservation and Management in the Humid Tropics. Willianm Clowes and Sons Press, Great Britain.

[226] He X B, Li Z B, Hao M D, et al., 2003. Down-scale analysis for water scarcity in response to soil-water conservation on Loess Plateau of China. Agriculture, Ecosystems and Environment, 94: 355—361.

[227] Herweg K, Ludi E, 1999. The performance of selected soil and water conservation measures-case studies from Ethiopia and Eritrea. Catena, 36: 99—114.

[228] Hibbert A R, 1967. Forest treatment effects on water yield. In: Sopper W E, Lull H W (Editors). Int. Symp. For. Hydrology. Pergamon, Oxford, 813.

[229] Hornbeck J W, Swank W T, 1992. Watershed ecosystem analysis as a basis

for multiple use management of eastern forest. Ecol. Appl., 2: 238—247.

[230] Hua Guo, Qi Hu, Tong Jiang, 2008. Annual and seasonal streamflow responses to climate and land-cover changes in the Poyang Lake basin, China. Journal of Hydrology, 355: 106—122.

[231] Jalota S K, Romesh K, 2001. Straw management and tillage effects on soil water storage under field conditions. Soil Use and Management, 17: 282—287.

[232] Jewitt G P W, Garratt J A, Calder I R, et al., 2004. Water resources planning and modelling tools for the assessment of land use change in the Luvuvhu Catchment, South Africa. Physics and Chemistry of the Earth, 29: 1233—1241.

[233] Johnson R C, Whitehead P G, 1993. An introduction to the research in the Balquhidder experimental catchments. Journal of Hydrology, 145: 231—238.

[234] Karlen D L, 1995. 美国的水土保持耕作系统及研究方向. 水土保持科技情报, 1: 60.

[235] Kendall M G, 1975. Rank correlation measures. London: Charles Griffin.

[236] Lacombe G, Cappelaere B, Leduc C, 2008. Hydrological impact of water and soil conservation works in the Merguellil catchment of central Tunisia. Journal of Hydrology, 359: 210—224.

[237] Lambin E F, Baulies X, Bockstael N, et al., 1999. Land-use and land-cover change implementation strategy, IGBP Report No. 48 and IHDP Report No. 10. Stockholm: IGBP.

[238] Li K Y, Coe M T, Ramankutty N, et al., 2007. Modelling the hydrological impact of land-use change in West Africa. Journal of Hydrology, 337: 258—268.

[239] Li M, Yao W Y, Ding W F, et al., 2009. Effect of grass coverage on sediment yield in the hillslope-gully side erosion system. J Geogr Sci, 19(3): 321—330.

[240] Li X Y, 2003. Gravel-sand mulch for soil and water conservation in the semiarid loess region of northwest China. Catena, 52: 105—127.

[241] Liu S G, 1997. A new model for the prediction of rainfall interception in forest canopies. Ecological Modelling, 99: 151—159.

[242] Loerup J K, Refsgaard J C, Mazvimavi D, 1998. Assessing the effect of land use change on catchment runoff by combined use of statistical tests and hydrological modelling: Case studies from Zimbabwe. Journal of Hydrology, 205: 147—163.

[243] Mah M G C, Douglas L A, Ringrose voase A J, 1992. Effects of crust development and surface slope on erosion by rainfall. Soil Science, (154): 37—43.

[244] Maidment D R, 1992. Handbook of hydrology. New York: McGraw-Hill.

[245] McCulloch J G, Robinson M, 1993. History of forest hydrology. Journal of Hydrology, 150: 189—216.

[246] McDonald M A, Healey J R, Stevens P A, 2002. The effects of secondary forest clearance and subsequent land-use on erosion losses and soil properties in the Blue Mountains of Jamaica. Agriculture, Ecosystem and Environment, 92: 1—19.

[247] Meginnis H G, 1959. Increasing water yields by cutting forest vegetation. IAHS Publ. No. 48, IAHS, pp. 59—68.

[248] Niehoff D, Fritsch U, Bronstert A, 2002. Land-use impacts on storm-runoff generation: scenarios of land-use change and simulation of hydrological response in a meso-scale catchment in SW-Germany. Journal of Hydrology, 267: 80—93.

[249] Pan C Z, Shangguan Z P, Lei T W, 2006. Influences of grass and moss on runoff and sediment yield on sloped loess surfaces under simulated rainfall. Hydrological Processes, 20(18): 3815—3824.

[250] Pujiyanto, Aris-wibawa, Winaryo, 1996. Effects of terrace strengthening plants on erosion and physical properties of coffee plantation soils. Pelita-Perkebunan, 12.

[251] Putuhena W M, Cordery I, 1996. Estimation of interception capacity of the forest floor. Journal of Hydrology, 180: 283—299.

[252] Robinson M, Cognard-Plancq A L, Cosandey C, et al., 2003. Studies of the impact of forests on peak flows and baseflows: a European perspective. Forest Ecology and Management, 186: 85—97.

[253] Rutter A J, 1971. A predictive model of rainfall interception forest, Ⅰ: Deri-

vation of model from observation in a plantation Corsican pine. Agric. Meteor, 9: 367—384.

[254] Schiettecatte W, Ouessar M, Gabriels D, et al., 2005. Impact of water harvesting techniques on soil and water conservation: a case study on a micro catchment in southeastern Tunisia. Journal of Arid Environments, 61: 297—313.

[255] Schreider S, Jakeman A J, Letcher R A, et al., 2002. Detecting changes in streamflow response to changes in non-climatic catchment conditions: farm dam development in the Murray-Darling basin, Australia. Journal of Hydrology, 262: 84—98.

[256] Schulze R E, 2000. Modeling hydrological responses to land use and climate change: A southern African perspective. Ambio, 29(1) :12—22.

[257] Shipitalo M J, Dick W A, 2000. Conservation tillage and macropore factors that affect water movement and the fate of chemicals. Soil & Tillage Research, 53: 167—183.

[258] Sivanappan R K, 1995. Soil and water management in the dry lands of India. Land Use Policy, 12(2): 165—175.

[259] Samaniego L, Bardossy A, 2006. Simulation of the impacts of land use/cover and climatic changes on the runoff characteristics at the mesoscle. Ecological Modelling, 196: 45—61.

[260] Snedecor G W, Cochran W G, 1975. Statistical methods. Ames: the Iowa State University.

[261] Spaan W P, Sikking A F S, Hoogmoed W B, 2005. Vegetation barrier and tillage effects on runoff and sediment in an alley crop system on a Luvisol in Burkina Faso. Soil & Tillage Research, 83: 194—203.

[262] Stednick J D, 1995. Long-term changes in stream following timber harvesting in the Oregon Coast Range: Water quality. In: Stednick, J. D. (editor), The Alsea Watershed: Hydrological and Biological Responses to Temperate Coniferous Forest Practices. Springer, New York.

[263] Stednick J D, 1996. Monitoring the effects of timber harvest on annual water

yield. Journal of Hydrology, 176: 79—95.

[264] Stohlgren T J, Chase T N, Pielke R A, et al., 1998. Evidence that local land use practices influence regional climate, vegetation, and stream flow patterns in adjacent natural areas. Global Change Biology, 4: 495—504.

[265] Sun G, McNulty S G, Lu J, et al., 2005. Regional annual water yield from forest lands and its response to potential deforestation across the southeastern United States. Journal of Hydrology, 308: 258—268.

[266] Swank W T, 1988. Streamflow changes associated with forest cutting, species conversions, and natural disturbances. In: W. T. Swank and D. A. Crossley, Jr. (editors), Forest Hydrology and Ecology at Coweeta. Ecol. Stud., 66: 297—312.

[267] Swank W T, Douglass J E, 1974. Streamflow greatly reduced by converting deciduous hardwood stands to pine. Science, 185: 857—859.

[268] Tan C S, Drury C F, 2002. Effect of tillage and water table control on evapotranspiration, surface runoff, tile drainage and soil water content under maize on a clay loam soil. Agricultural Water Management, 54: 173—188.

[269] Tenge A J, De graaff J, Hella J P, 2005. Financial efficiency of major soil and water conservation measures in West Usambara highlands, Tanzania. Applied Geography, 25: 348—366.

[270] Troeh F R, Hobbs J A, Donahue R L, 1980. Soil and Water Conservation for Productivity and Environmental Protection. Prentice-Hall, Inc., New Jersey.

[271] Whitehead P G, Calder M, 1993. Foreward. Journal of Hydrology, 145: 215—216.

[272] Whitehead P G, Robinson M, 1993. Experimental basin studies——an international and historical perspective of forest impacts. Journal of Hydrology, 145: 217—230.

[273] Woldeamlak B, Sterk G, 2005. Dynamics in land cover and its effect on streamflow in the Chemoga watershed, Blue Nile basin, Ethiopia. Hydrological Process, 19: 445—458.

[274] Zhang L, Dawas W R, Reece P H, 2001. Response of mean annual evapo-

transpiration to vegetation changes at catchment scale. Water Resources Research, 37(3) :701—708.

[275] Zhang L, Vertessy R, Walker G, et al. , 2007. Afforestation in a catchment context, CSIRO Land and Water Science Report No. 01/07. Australia: CSIRO.

[276] Zhang Z Q, Qin Y S, Yu X X, et al. , 1998. Water conservation Forest Impacts on the Runoff Generation and Sedimentation at Small Watershed Scale in the Miyun Reservoir Watershed. Journal of Beijing Forestry University, 7(1): 86—92.

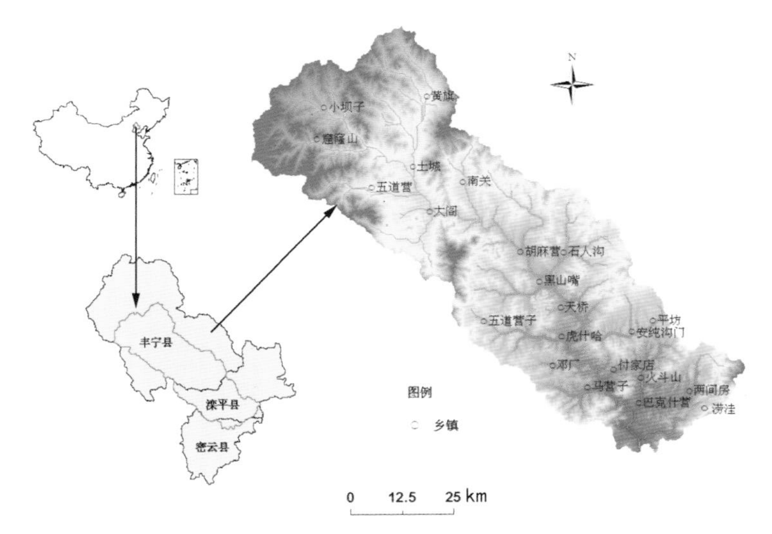

彩图 1　潮河流域的位置

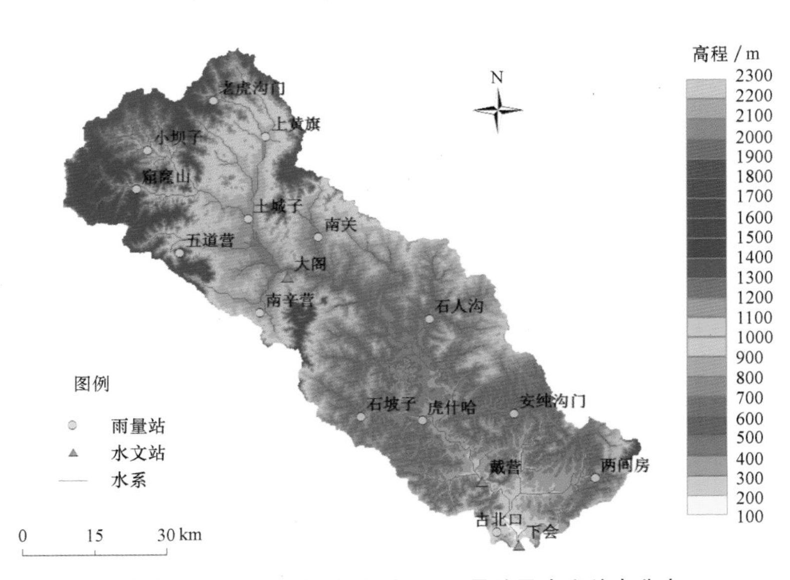

彩图 2　潮河流域的地形、水系、雨量站及水文站点分布

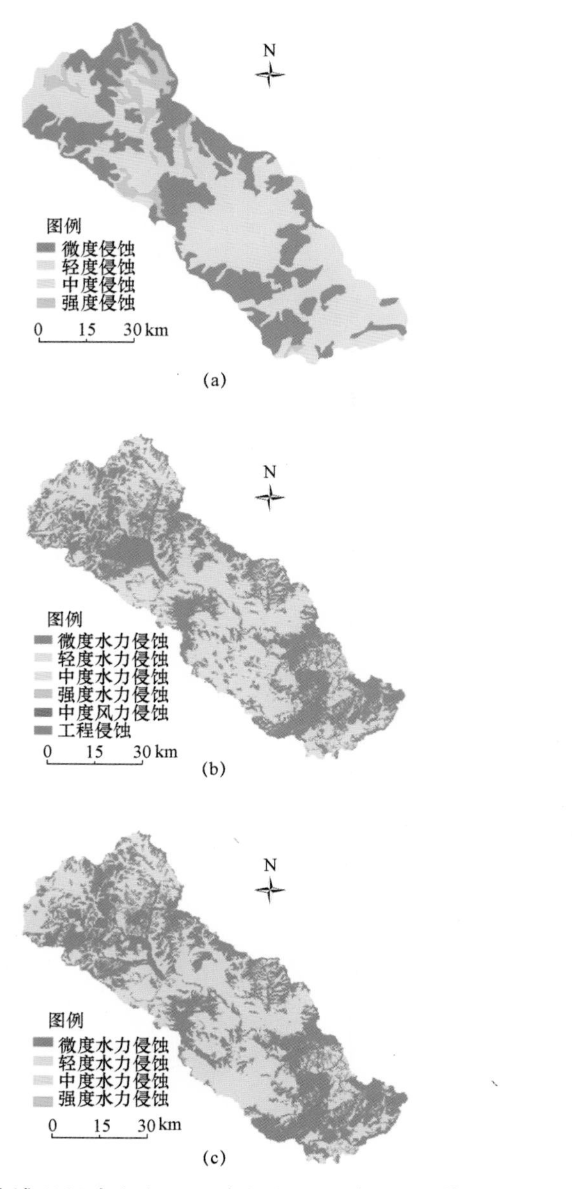

彩图3　潮河流域1990年(a)、1995年(b)、2000年(c)土壤侵蚀分布图

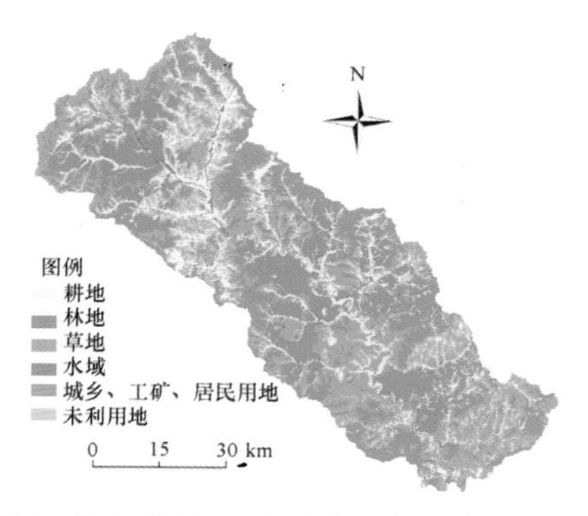

彩图 4　潮河流域 80 年代中后期土地覆被分类图

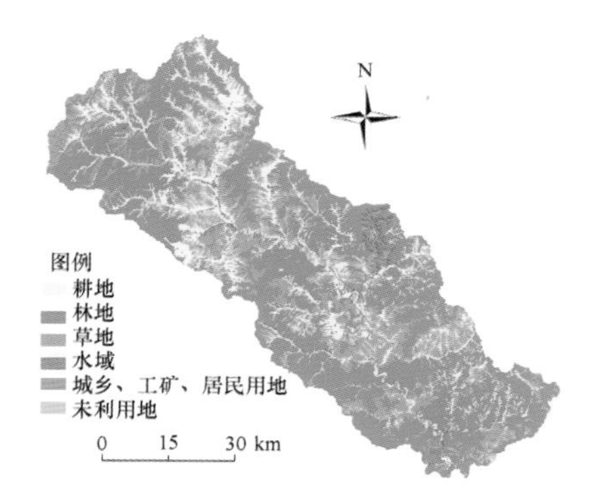

彩图 5　潮河流域 1995 年的土地覆被分类图

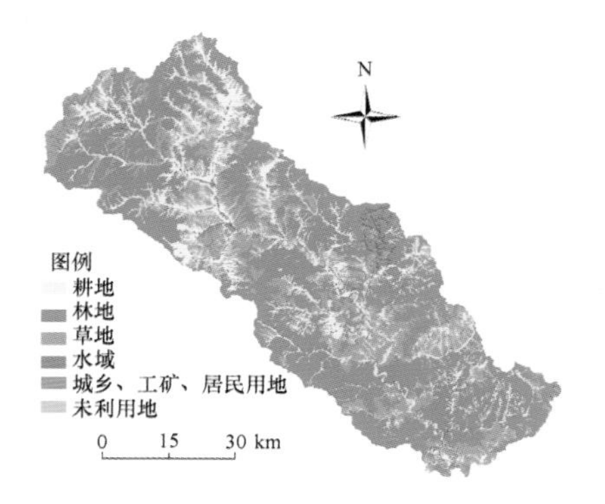

彩图 6　潮河流域 2000 年的土地覆被分类图

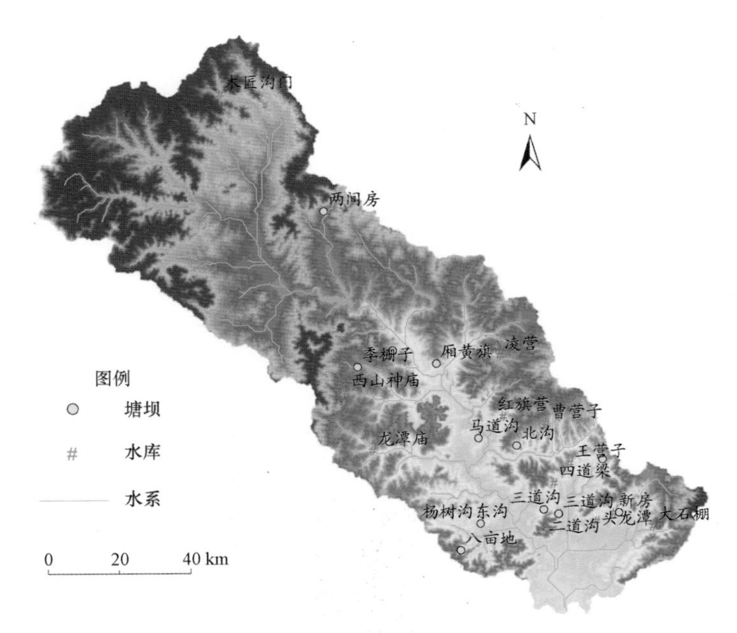

彩图 7　潮河流域现有水利工程分布图

彩图 8　潮河流域的水平梯田和石谷坊